农事指南系列丛书

猪产业关键实用技术 100 问

任守文 等　编著

中国农业出版社
北　京

图书在版编目（CIP）数据

猪产业关键实用技术100问 / 任守文等编著. —北京：中国农业出版社，2021.7
（农事指南系列丛书）
ISBN 978-7-109-27901-8

Ⅰ.①猪…　Ⅱ.①任…　Ⅲ.①养猪学—问题解答
Ⅳ.①S828-44

中国版本图书馆CIP数据核字（2021）第022361号

中国农业出版社出版
地址：北京市朝阳区麦子店街18号楼
邮编：100125
策划编辑：张丽四
责任编辑：卫晋津　　文字编辑：耿增强
责任校对：吴丽婷
印刷：北京通州皇家印刷厂
版次：2021年7月第1版
印次：2021年7月北京第1次印刷
发行：新华书店北京发行所
开本：700mm × 1000mm　1/16
印张：12.5
字数：260千字
定价：68.00元

农事指南系列丛书编委会

本书编委会

任守文　姚　文　何孔旺　黄红英　李春保

王学敏　李碧侠　方晓敏　付言峰　赵为民

吴华山

丛书序

习近平总书记在2020年中央农村工作会议上指出，全党务必充分认识新发展阶段做好"三农"工作的重要性和紧迫性，坚持把解决好"三农"问题作为全党工作重中之重，举全党全社会之力推动乡村振兴，促进农业高质高效、乡村宜居宜业、农民富裕富足。

"十四五"时期，是江苏认真贯彻落实习近平总书记视察江苏时"争当表率、争做示范、走在前列"的重要讲话指示精神、推动"强富美高"新江苏再出发的重要时期，也是全面实施乡村振兴战略、夯实农业农村现代化基础的关键阶段。农业现代化的关键在于农业科技现代化。江苏拥有丰富的农业科技资源，农业科技进步贡献率一直位居全国前列。江苏要在全国率先基本实现农业农村现代化，必须进一步发挥农业科技的支撑作用，加速将科技资源优势转化为产业发展优势。

江苏省农业科学院一直以来坚持以推进科技兴农为己任，始终坚持一手抓农业科技创新，一手抓农业科技服务，在农业科技战线上，开拓创新，担当作为，助力农业农村现代化建设。面对新时期新要求，江苏省农业科学院组织从事产业技术创新与服务的专家，梳理研究编写了农事指南系列丛书。这套丛书针对水稻、小麦、辣椒、生猪、草莓等江苏优势特色产业的实用技术进行梳理研究，每个产业提炼出100个技术问题，采用图文并茂和场景呈现的方式"一问一答"，让读者一看就懂、一学就会。

丛书的编写较好地处理了继承与发展、知识与技术、自创与引用、知识传播与科学普及的关系。丛书结构完整、内容丰富，理论知识与生产实践紧密结合，是一套具有科学性、实践性、趣味性和指导性的科普著作，相信会为江苏农业高质量发展和农业生产者科学素养提高、知识技能掌握提供很大帮助，为创新驱动发展战略实施和农业科技自立自强做出特殊贡献。

农业兴则基础牢，农村稳则天下安，农民富则国家盛。这套丛书的出版，标志着江苏省农业科学院初步走出了一条科技创新和科学普及相互促进、共同提高的科技事业发展新路子，必将为推动乡村振兴实施、促进农业高质高效发展发挥重要作用。

2020年12月25日

序

“猪粮安天下”，生猪产业关系国计民生。我国生猪饲养量和猪肉消费量占据世界半壁江山，猪肉占我国肉类消费量的62%以上。生猪产业是我国畜牧业乃至农业的支柱产业，其总产值已达到2万亿元，占畜牧业总产值的47%，占农业总产值18%。

生猪产业要素多、技术环节复杂，仅靠单项技术的单打独斗无法实现产业提质增效。保障生猪产业可持续发展，需要生猪全产业链技术支撑。

该书作者任守文研究员长期从事生猪产业技术研究，组织了产业技术相关专家，涵盖生猪全产业链的主要环节，对产业链各个关键环节技术进行梳理集成，旨在为我国生猪产业高质量发展提供技术支撑。

该书从养猪业特点、猪场建设、猪种及其杂交利用、饲料与营养、饲养管理、疫病防控、粪污资源化利用、屠宰加工、猪场经营管理入手，围绕产业链条系统展示生猪产业关键技术，融入了最新科技成果，使读者全面了解和掌握生猪产业技术体系。该书内容体现集成创新、技术先进实用，呈现形式采用图文并茂和场景呈现的方式“一问一答”，让读者一看就懂、一学就会。

特此推荐！

2021年1月

前　言

我国是养猪大国，生产和消费世界一半的猪。国人对猪肉情有独钟，猪肉是国人餐桌上离不开的主要肉食。养猪业是长青产业，规模化养猪已成为我国养猪业的主体，产业化、集团化养猪是大势所趋。

为了更好地展示生猪产业关键技术，普及科学养猪知识，我们组织生猪产业技术相关专家，对产业链各个关键环节技术进行总结梳理，旨在为我国生猪产业发展提供技术支撑。

本书主要包括养猪业特点、猪场建设、猪种及其杂交利用、饲料与营养、饲养管理、疫病防控、粪污资源化利用、屠宰加工、猪场经营管理等内容，系统展示了生猪产业关键技术最新成果，可为生猪产业从业人员提供参考。

本书得到国家重点研发计划（2018YFD0501203）、国家生猪产业技术体系（CARS-35）、江苏省农业重大品种创制项目（PZCZ201733）、江苏省重点研发计划（BE2020358）、江苏省农业科技自主创新资金〔CX（19）2016〕及江苏省农业重大技术协同推广计划试点（2019-SJ-009-4）等项目资助。

鉴于编者水平有限，了解相关资源和信息可能不够全面，书中纰漏和错误在所难免，希望读者批评指正。

编　者

2020 年 12 月

目　录

第一章 养猪业特点

 规模化养猪有哪些特点？

（1）长青产业。 我国是一个养猪大国，也是猪肉消费大国，中国人对猪肉情有独钟，猪肉是中国人餐桌上离不开的主要肉食，可以说养猪业是一个长青产业。据统计，规模化养猪已成为我国养猪业的主体，发展规模化养猪能够实现更好的经济效益。

（2）高投入产业。 规模化养猪需要高投入，一个万头猪场的资金投入就需要千万元以上。随着非洲猪瘟疫情的防控和环保要求的提高，我国生猪产业在最近几年开始迎来升级转型，规模化养猪已经取代农户分散养猪并且成为主流，大大提高了准入门槛，养猪业成为高投入行业。

（3）微利产业。 随着越来越多的大资本进入养猪业，也随着养猪业的规模化提速，养猪业的暴利时代渐行渐远。我国过去的猪价大幅波动很大程度上是由散户乃至中小户决定的。如今，散户逐步被淘汰，留下的都是有长远规划的猪场，抗风险能力较强，母猪数量和肉猪数量在相当长时期内不会暴涨暴跌。未来，养猪保持低利润，也就不难理解。近期非洲猪瘟疫情造成的暴利不会持续太长，只要猪的饲养量恢复正常水平之后，养猪业就会进入微利时代。

（4）劳动密集型产业转向技术密集型产业。 我国养猪业已有几千年历史。改革开放前，我国的养猪业基本上属于传统分散的饲养方式，从产业类型看属于劳动密集型产业。进入20世纪70年代，出现了一批机械化猪场，逐步开始使用机械代替部分手工操作。到了20世纪80年代，一批规模化猪场在沿海地区诞生，以后逐步影响到内地猪场，使用了较多机械，但仍然是以劳动力和人工操作为主的劳动密集型产业。近30年来，随着城镇化进程的加速，带来了劳动力短缺及人工成本上升，养猪业必然从传统养猪的劳动密集型转向技术密集型。

（5）风险大的产业。养猪业风险大，风险首先来自疫病。俗话说，家有万贯，带毛的不算。猪越来越难养是个事实，疫情多，一波未平一波又起，2018年突发的非洲猪瘟疫情对养猪业影响深远。其次，是市场波动的影响，即受猪周期的影响。猪周期是一种经济现象，指“价高伤民，价贱伤农”的周期性猪肉价格变化怪圈。再次，猪场如果没有配套的土地消纳粪污资源，不能形成种养循环，则始终存在环保压力。

（6）规模效益产业。如果养一头母猪，可以什么都不用考虑，因为就算是赔了，也不至于赔房赔地。如果养10头母猪，就要考虑疾病防控的问题，因为疾病是最容易让主人受损的问题。如果养百头母猪，还要考虑养猪流程问题，因为合理的流程可以减少工作压力。如果养500头母猪，还需要考虑人员的薪金及考核问题，因为这是职业，让员工快乐工作是养猪场赚钱的前提。如果养千头母猪，还要考虑成本核算问题，因为效益的最大化要以合理成本为前提。如果养万头母猪，还要考虑产业链延伸的问题，因为这已不单纯是个人的事业，还是社会责任的问题。

2 传统农户养猪有哪些特点？

传统农户养猪是指利用自家剩汤剩饭、农副产品及放牧等方式饲养少量猪的模式，往往根据一些内部指标调节农业活动，如根据猪的生长过程和日常表现确定最适合的饲料配给，以求猪只健康生长；或顺应季节变换种植作物，从而达到人与自然协调生产。传统农户养猪采取的是市场远距化策略，即尽可能远离且不依靠市场独立创造资源，或者市场仅仅作为一个产品出口。传统农户养猪也不会过于算计成本，如不将自己的劳动力计入生产成本等。

（1）传统农家养猪的特点。

① 低成本、低消耗。广大农户主要从事种植业，附带饲养一头或几头猪，饲料主要为自产的谷食、薯类以及青绿饲料和农副产品，平均每头猪消耗粮

薯类精料只有规模化养猪业用量的50%～60%，虽然饲养期长，饲料利用效率较低，但由于不需专用的劳动力，不需要购买商品饲料及投资养猪设备，因此，投入较少，生产成本较低。

② 是“生态农业”的重要环节。近年来，国内外开始了生态农业的实践，认为这是长远发展农业生产的良策。我国发展生态农业有悠久的历史和优良的传统。猪多、肥多、粮多的“猪粮结合”模式就是其中典型的例子，这使我国农家养猪成为“有机农业”中的一个重要环节。猪的粪肥可以通过农田自然消化，既可以节约化肥用量，降低农业生产成本，又可以维护土壤肥力，保证生态农业的可持续发展。

③ 污染少。20世纪的最后30年，在政府号召、国家支持补贴等优惠政策的支持下，规模化养猪业得到较快发展，而就在规模化的启动阶段，便发生了猪的粪便污染问题。从20世纪90年代初期开始，国家便进一步增加投入，治理养殖业排污问题。笔者认为，要从根本上解决问题，还应回归自然，使之良性循环，在传统的农牧结合型的生态农业上寻找出路。

（2）传统农家养猪生产模式存在的问题。这种模式的最大问题是日粮营养不平衡，就地取材，有啥喂啥，因而饲养周期长，出栏率低，饲料报酬低。其次是疫病防控水平低，死亡率较高。

3 我国养猪业现状如何？

猪肉是养猪生产的终端产品，过去、现在和将来猪肉都是人类生存不可缺少的营养食品。国人的肉食结构中，猪肉一直占有相当大的比重，1983年前达90%以上，后由于多种养殖的发展，肉食品种多样化，使猪肉消费比例有所下降。2017年，全国出栏生猪68861万头，比2016年增长0.5%；全国生猪存栏43325万头，比2016年下降0.4%；全国猪肉产量5340万吨，比2016年增长0.8%；占全国肉类总产量的63.3%。2017年我国猪肉产量约占全球猪肉总产量的48.1%，比2016年下降0.4个百分点。2017年，全国年出栏500头以上的养猪场（户）出栏生猪约占总量的46.9%，比2016年提升2个百分点；全国年出栏1万头以上的规模养猪场出栏生猪约占总量的13.1%，比2016年提升了2.4个百分点；全国年出栏50头以下的养猪场（户）数量与2007年相比，下降了

55.4%。2017年我国猪肉产品进口量249.9万吨，比2016年下降19.3%；猪肉产品出口量16.0万吨，同比增长8.8%。

目前我国区域性养猪逐步形成；养猪逐步实现规模化、标准化、生态化、信息化；互联网和物联网对养猪业的影响越来越大；多种养猪发展模式并存，各种形式的产业链逐渐建立；食品安全越来越得到重视；动物福利也逐步得到关注。2017年我国十大生猪生产省份是四川、河南、湖南、山东、湖北、广东、云南、河北、广西和江西。

我国养猪生产的主要方式：经过改革开放40多年的发展，我国生猪生产已经摆脱了传统单一的饲养模式，逐步向规模化方向发展。①农户养猪，一般每户饲养1头或3～5头，作为家庭副业，主要利用家里的剩汤剩饭和一些副产品饲养，较少采用配合饲料和科学的饲养管理技术，较为粗放。其生猪饲养量占全国饲养总量的比重一直在下降。猪肉主要供给广大农村、城镇及中小城市等。②专业户养猪，这种方式仍为我国生猪生产的主要方式。一般每户饲养规模从几十头到上百头，从数百头到上千头不等。这种生产方式具有一定的专业性，要有一定的投入，建造养猪场，有专人负责管理，利用混合或配合饲料饲养，饲养瘦肉型猪品种或其二元、三元杂交种。专业户养猪，主要分布在全国瘦肉型猪基地县、经济较发达地区和大中城市的郊区等。生产的猪肉主要供应国内大中城市。③规模化养猪场，一般每场年出栏几千头到上万头或几万头。这种生产方式专业性很强，投入也较大，要有一批专业人员负责生产管理，同时对饲料的营养要求也很高，饲养瘦肉型猪种及其杂交组合成配套系猪。相当一部分规模化养猪场的生产水平已达到养猪发达国家水平。

4 我国养猪业发展趋势如何？

（1）优质。一是指猪肉品质要好，如猪肉的颜色、嫩度、肌内脂肪的含量、肌纤维的粗细等要好，特别是口感要好。二是指猪肉中各种有毒有害物质的残留（重金属、激素、农药、兽药等）要控制在一定的标准范围内，符合无公害或绿色猪肉的卫生安全指标。

优质猪肉是近年来提出的一个新概念，它是指猪肉的颜色、保水力、肌内脂肪含量、嫩度等方面均较好的猪肉。王林云曾给出了优质猪肉的标准：

① 肌肉颜色在3～4分（5级评分制）；② 肌肉的pH在6～7；③ 肌肉的保水力在67%以上；④ 肌内脂肪含量在2.5%以上；⑤ 肌肉的嫩度（剪切力）在4千克以下；⑥ 安全、无公害，无瘦肉精等有毒有害物质残留；⑦ 不是注水肉；⑧ 重金属残留符合国家标准等。

一般认为，优质猪是指中国地方猪及含有不同中国地方猪血统的猪。地方猪种是我国珍贵的猪品种资源，具有繁殖力强、肉质鲜美、适应性强等种质特性，也是生产优质猪肉的基础。这些地方猪种经过数千年的猪文化历史熏陶已形成各自的肉质特色，是开发特色品牌猪肉的宝贵素材。随着猪肉消费层次的多元化，猪肉消费市场将向多样化、优质化、品牌化方向发展，品牌猪肉的市场需求大幅提升，特别是含有地方猪种血统的猪肉，市场空间十分广阔，值得去拓展和开发。顺应时代发展，利用地方猪种资源开发特色品牌猪肉的企业不断涌现，其养殖基地的规模化、标准化程度也越来越高。

（2）高产。高产即高生产性能。产仔数：每头母猪每年提供商品猪数16～27头（我国每头母猪年提供商品猪数为16头左右，国外平均水平为22头，最高可达27头）。生长速度：达100千克体重需要的天数为180天以下，日增重700克以上；料重比为3.5以下。

（3）高效。高效包括高效率和高效益。高效率：是指提高劳动生产率。丹麦的万头猪场仅需3个劳动力。高效益：经济效益大小主要取决于4个因素，即活猪价格、饲料价格、每头母猪每年提供的商品猪数、全群饲料报酬，其中前两者由市场和胴体品质决定，后两者则由场内的经营与管理技术决定。盈亏临界线：活猪价∶玉米价＝5.5∶1。延长产业链条，推动生产、加工、流通、消费各个环节一体化，可提高养猪业整体效益。

（4）安全。猪肉是我国居民食用最多的肉类，猪肉质量安全关乎家家户户的餐桌安全和人们的身体健康，同时猪肉作为最重要的肉类食物是我国“菜篮子”工程的重要组成部分，因而生猪的安全生产十分重要。猪肉安全需要从生产源头入手，对饲料、环境、药物、消毒、卫生、防疫、检疫等方面进行全程质量控制，确保生猪养殖业科学健康、持续发展。

（5）生态。生态养猪是工厂化养猪发展到更高阶段的一种模式，走立体养猪、农牧结合、综合经营、循环利用、协调发展的生态农业道路，可减少经营风险，提高经济效益。

（6）福利。动物在饲养、运输、宰杀过程中，确保其不受饥渴的自由、生活舒适的自由、不受痛苦伤害和疾病威胁的自由、生活无恐惧的自由和表达天性的自由。不因它们是动物，而在管理时人为虐待或加害，按照人道的原则，创造各种条件满足动物生存（采食、休息、健康、习性等）的需要（足够的饲料、饮水和空间，适宜的温度、湿度，清新的空气，符合习性要求的饲喂、管理方法等），做到善以待猪，使动物生存舒适。给动物应有的福利，这样能够最大限度地使动物处于生理自然状态，并发挥其机体的免疫机能和其他生理功能，大大降低疾病感染概率。我国养猪业正在关注和逐步实施动物福利。

5 世界养猪模式有哪些?

温铁军认为，世界农业在工业化条件下，是三分天下，不可能是一种模式。世界养猪业亦然。

第一种模式，大型或超大型生猪养殖场，养猪规模在几万头，甚至十几万头。多见于美洲一些国家。

第二种模式，通常为中型农场，养猪规模在8000～10000头。多见于欧洲。

第三种模式，小型养殖场，养猪规模数千头不等。多见于亚洲。

所以农业是一个和自然资源高度结合的产业，决定了世界农业的三分天下。世界主要猪肉生产国包括中国、美国、德国、西班牙、法国、巴西、加拿大、丹麦、波兰、越南等。世界主要猪肉消费国家和地区包括中国、欧盟、美国、俄罗斯、巴西、日本、越南、墨西哥、韩国、菲律宾、加拿大等。

第二章

猪场建设

猪场如何选址？

（1）地形地势。要求地势干燥平坦、有缓坡（坡度≤15°）、向阳、通风良好。潮湿的环境容易助长病原微生物和寄生虫滋生，猪群易生病。低洼地，雨后场内积水不易排除；山凹处，猪场污浊空气会在场内滞留，造成空气污染。

（2）交通便利。猪场生产的产品需要运出，饲料等物资需要运入，对外联系十分密切，因此，猪场必须选在交通便利的地方。但因猪场的防疫需要和对周围环境的污染，又不可太靠近主要交通干道，一般距铁路、一级公路500～1000米，距二三级公路300～500米，距四级公路100～300米。猪场与居民点、工厂、其他牧场之间存在相互污染、传播疫病的危险，选址时应保持适当的距离。猪场应建在居民点的下风向和地势较低处，卫生间距一般300～500米，大型猪场1000～1500米；猪场与其他牧场的卫生间距一般300～1000米。如果有围墙、河流、林带等屏障，则距离可适当缩短些。禁止在旅游区及工业污染严重的地区建场。

（3）水源水质。水源要充足，水质良好。规模猪场用水量大，猪饮用水质量指标见表2-1，各类猪的需水量详见表2-2。

表2-1　猪饮用水质量指标

项目	指标	项目	指标
砷（毫克/升）	≤0.05	氟化物（以F计）（毫克/升）	≤1.0
汞（毫克/升）	≤0.001	氯化物（以Cl计）（毫克/升）	≤250
铅（毫克/升）	≤0.05	六六六（毫克/升）	≤0.005

（续）

项目	指标	项目	指标
铜（毫克/升）	≤1.0	滴滴涕（毫克/升）	≤0.001
铬（六价）（毫克/升）	≤0.05	总大肠菌群（个/升）	≤3
镉（毫克/升）	≤0.01	细菌总数（个/升）	100
氰化物（毫克/升）	≤0.05	pH	6.5～8.5

表 2-2　各类猪的需水量

类别	每天需水量（升/头）	
	总需水量	饮用量
种公猪	40	10
空怀、妊娠母猪	40	12
泌乳母猪	75	20
断奶仔猪	5	2
育成猪	15	6
育肥猪	25	6

（4）土壤。一般要求透气性好，易渗水，热容量大。选址时应避免在旧猪场（包括其他旧牧场）场地上改建或新建。

（5）场地面积。建场土地面积没有统一标准，应根据具体情况来确定，一般可按存栏基础母猪每头45～50米^{2}或出栏商品猪每头2.7～3.0米^{2}计。新建场选址面积要留有余地，便于今后的发展，有扩建的可能。

7 猪场如何规划布局？

（1）饲养规模的确定。猪场规模是猪场设计最基本的要素，必须首先确定。猪场建设受建设资金能力、场址的自然环境、饲料供应情况、技术和管理水平、产品的销售出路、卫生防疫和粪污处理等客观条件的约束。因此，猪场规模的大小应因地制宜。从我国目前和今后一个时期的发展看，以年产

3000～5000头商品猪的中、小型规模猪场为宜。

（2）猪场布局。场址选定后，就要根据猪场的生产任务、发展规划、猪群的组成、饲养流程要求以及喂料、清粪等机械方案，结合当地的地形、自然环境、交通运输条件等进行猪场的总体布局。合理的布局可以节省土地，减少建场投资，节省劳动力，给生产管理带来方便。否则，就会造成生产流程混乱，不仅浪费土地和资金，而且还会给卫生防疫及日常管理工作带来不便。因此，猪场的总体布局是建场过程中一项十分重要的工作，必须对猪场内各种房舍、道路、绿化和建筑进行合理的科学布局。猪场功能区的划分见图2-1。

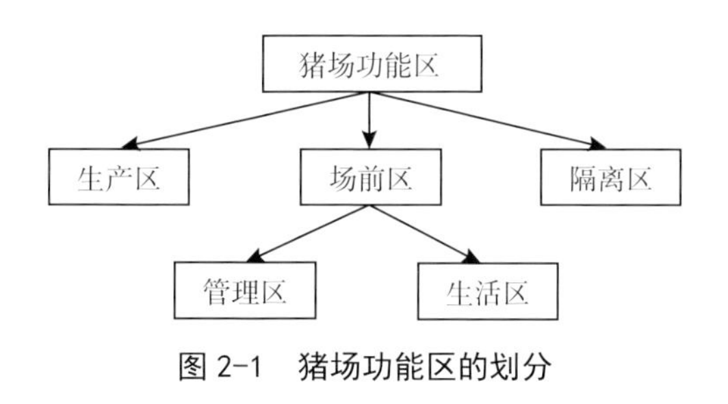

图2-1　猪场功能区的划分

猪场各区包括哪些内容？

（1）生产区。包括各类猪舍和生产设施，这是猪场中的主要建筑区，是卫生防疫和环境保护的重点。一般建筑面积约占全场总建筑面积的70%～80%。该区应严禁外来人员和车辆进入，区内车辆不得外出，在区内工作的饲养员、畜牧兽医技术人员出入该区均须消毒、淋浴、更衣。传统单点式饲养模式：在一个生产区内，由里到外依次按公猪舍、配种妊娠舍、分娩舍、保育舍、育成舍、育肥舍的顺序排列，组成一个完整的生产系统，直至商品肉猪出栏。这种生产模式的优点是比较集中，投资成本小，方便集中管理，相互转猪或调猪容易；缺点是防疫难度大，一旦发生传染病，全场易发病。三点饲养模式：即在一个相对大的区域内，分别划分三个区域，间隔0.5～1千米，从里到外依次排列为配种妊娠及分娩区、保育区、育成育肥区，三个区域相对独立，除了调猪，人员不相互流动。该模式的优点是各个区相对独立，防疫工作容易，可减少有关疾病的传播或暴发；缺点是投入大、占地面积大、分工较细。

（2）管理区。管理区包括办公室、技术室、业务档案和计算机室、接待室、会计出纳室等行政办公用房，以及门卫、消毒间（内设消毒池、紫外线灯、洗手消毒盆）、车辆消毒池、进入生产区的消毒淋浴更衣室、饲料库、车库、配电室、水塔、出售猪挑选间、杂品库等生产附属用房。管理区与场内、外联系密切，应靠近场外道路并留出一定的卫生间距，尽量安排在隔离区和生产区的上风向和地势较高处。

（3）隔离区。包括兽医室、剖检室、隔离舍、尸体处理设施、粪便及污水处理设施等。该区应设在全场的下风向和地势低处，距生产区应有50米左右的卫生间距；该区应加强卫生防护，以免污染场区和周围环境。

（4）生活区。包括职工宿舍、食堂、文化娱乐设施等。该区应设在全场上风向、地势高处，最好设在场外并与猪场保持适当距离，无条件时，亦可与管理区合并为场前区。

（5）道路。猪场各区间及区内道路的设置，应考虑场内各部的功能关系及猪场与外界的联系、管理和生产需要、卫生防疫要求等。场前区与场外联系的道路须通过场大门，与生产区之间也应设大门，但只供消防或其他特殊需要进出用，平时关闭，人员出入须通过消毒、淋浴、更衣室。生产区内的道路应分为供管理及运料用的净道（路面宽3～5米）和供猪只转群或出场、粪污运送用的污道（路面宽1.5～2米），两者不应混用和交叉，路面应做硬地面并便于排水。

（6）管线。管线布置应以长度最短为原则，以节约投资。电线和给水管道宜沿净道铺设主管线，向两侧猪舍分出支管线供电供水，在猪舍间应设置适当数量的消防栓。猪场污水和地面水（雨雪水）不得混排，污水应设地下排污系统，地面水可在道路一侧或两侧设排水明沟，有条件时可加沟盖板，场地有适当坡度时，亦可采用自由排水。自设水塔是清洁饮水正常供应的保证，位置选择要与水源条件相适应，且应安排在猪场最高处。

（7）绿化。植树、种花草是改善场区和猪舍小气候、美化猪场环境的有效措施。猪场绿化应尽量做到无裸露地面，一般可设置防风林、隔离林、行道绿化、遮阳绿化、美化绿化等，场地规划时须安排各种绿化的位置和面积。防风林一般设在冬季主风上风向，可高矮树种、落叶和常绿树种、灌木和乔木搭配种植，林带宽5～8米，植树3～5行。隔离林应设在各功能区之间，绿化方法与防风林基本相同，但株距可密一些。道路和排水沟旁可植灌木绿篱，并配合高大乔木进行行道绿化，亦可在路边埋杆搭架种植藤蔓植物在道路上空2.5 ～ 3米处形成水平绿化。遮阳绿化除道路遮阳外，主要在猪舍南侧植树干高、树冠大而密的落叶乔木，为屋顶和窗遮阳；亦可搭架进行水平绿化，在立杆周围播种一年生藤蔓植物，以防冬季遮光。此外，因藤蔓沿立杆上攀，为防止影响通风，杆间距不可过密。除上述各种绿化外，裸露地面均应种植草坪、苜蓿等多年生植物及花卉；夏季主风上风向的猪场边界绿化，须植高大乔木，以防影响通风；场前区可设置花坛、绿地、喷水池等绿化和美化设施。

9 猪场建筑物如何布局?

（1）建筑物的排列方式。猪场建筑物的排列主要是指生产区的猪舍排列次序，可布置为单列、双列或多列，应尽量使建筑物排列整齐，以缩短道路和管线长度。

（2）建筑物的位置。确定猪场各种建筑物的位置时，主要考虑它们之间的功能关系，应尽量使相互有关的建筑物靠近安置，以便管理和生产工作的联系。此外要考虑防疫要求，可根据全年主风向和场地地势，将场前区安置在上风向和地势高处，而隔离区则放在下风向和地势低处，生产区各猪舍也应按风向、地势顺序安排种猪、产房、保育和育肥或待售圈舍。但在实践中风向和地势一致的情况不多，有时上风向恰是地势低处，此时可利用与主风向垂直的两侧“安全角”，如主风向为西北风而场地为南高北低时，场地西南角和东北角可分别安排场前区和隔离区。

（3）建筑物朝向。确定猪场建筑物朝向和间距主要考虑日照、通风、防疫和节约占地等因素。朝向，猪舍一般为长矩形，长轴（长度）方向的外围护结构（纵墙和屋顶）的面积比短轴（跨度）方向大得多，为改善舍内温度状况和光照效果，其朝向以长轴东西（即南向）或南偏东、西45°以内为宜，这样可使猪舍冬季多接受而夏季少接受太阳辐射。同时，由于我国冬季主风向一般分别为西北和东南风，此朝向可避免纵墙与冬、夏季主风向垂直（以形成30°～60° 角为宜），以减少冬季冷风渗透和夏季通风死角；冬季严寒或夏季炎热地区，可分别根据当地冬季或夏季主风向来选择猪舍的朝向。

（4）建筑物间距。两幢建筑物纵墙之间的距离称为间距。猪舍间距过大势必加大猪场占地面积，间距过小则会影响猪舍的日照、通风和排污效果，不利于改善猪舍和场区环境，也不利于防疫和防火。研究和实践证明，在我国所处的纬度范围内，猪舍间距分别为猪舍檐高的3～5倍时，可以保障猪舍冬季日照和通风，防止上风处猪舍的污浊空气排入其下风的相邻猪舍，并可满足4～5级防火的要求。

10 猪舍建筑类型有哪些？

（1）按屋顶形式分为单坡式、双坡式猪舍。单坡式猪舍一般跨度小，结构简单，造价低，光照和通风好，适合小规模猪场。双坡式猪舍一般跨度大，双列猪舍和多列猪舍常用该形式，其保温效果好，但投资较多。

（2）按墙的结构和有无窗户分为开放式、半开放式和封闭式猪舍。开放式猪舍是三面有墙一面无墙，通风透光好，不保温，造价低。半开放式猪舍是三面有墙一面半截墙，保温性能稍优于开放式猪舍。封闭式猪舍是四面有墙，又可分为有窗和无窗两种。

（3）按猪栏排列分为单列式、双列式和多列式猪舍。单列式：猪栏排成一列，靠北墙，可设或不设走廊；利于采光、通风、保温、防潮，空气新鲜，构造简单。双列式：猪栏排成两列，中间设一通道，多为封闭式；保温良好，管理方便，利用率高，便于实行机械化，但采光差，易潮湿，可用这一类型的猪舍饲养肥猪。多列式：猪栏排成三列或三列以上，猪栏集中，运输线短，散热面积小，冬季保温好，养猪功效高，但构造复杂。

（4）按建筑层数分为单层猪舍和多层猪舍（楼房猪舍）。单层猪舍：猪舍建筑为一层结构，是普通平面建筑结构类型。多层猪舍（楼房猪舍）：猪舍建筑为多层建筑结构，将平面单层猪舍变成立体楼房式养猪工厂，有利于向空间发展，利用有限的土地资源建设规模化养猪场，实现养猪业可持续发展。实施楼房猪舍规模集中养殖是应对土地稀缺、资源紧张的生猪养殖新模式。多层猪舍基于全封闭式“结构化”设计布局，相比于传统的单层猪舍，其最大优点是节约了土地，提高了土地的利用率，且利于集约化管理。

 猪舍基本结构有哪些?

猪舍基本结构包括地面、墙壁、屋顶和门窗。

（1）地面。要求保暖、坚实、平整、不透水，易于清扫消毒。传统土质地面保温性能好，柔软、造价低，但不坚实，渗透尿水，清扫不便，不易于保持清洁卫生和消毒；水泥地面坚固、平整、易于清扫和消毒，但质地太硬，容易造成猪的蹄伤、腿跛和风湿症等，对猪的保健不利；砖砌地面的结构性能介于前两者之间。为了便于冲洗清扫、清除粪便、保持猪栏的卫生与干燥，有的猪场部分或全部采用漏缝地板。常用的漏缝地板材料有水泥、金属、塑料等，一般是预制成块，然后拼装。选用不同材料与不同结构的漏缝地板，应考虑以下原则：① 经济性：即地板的价格与安装费要经济合理。② 安全性：过于光滑或过于粗糙以及具有锋锐过角的地板会损伤猪蹄与乳头。因此，应根据猪的不同体重来选择合适的缝隙宽度。③ 保洁性：劣质地板容易藏污垢，需要经常清洁。同时脏污的地板容易打滑，还隐藏着多种病原微生物。④ 耐久性：不宜选用需要经常维修以及很快会损坏的地板。⑤ 舒适性：地板表面不要太硬，要有一定的保暖性。

猪的不同体重阶段对漏缝地板缝隙的要求见表2-3。

表2-3　不同体重阶段对漏缝地板缝隙的要求

猪的体重（千克）	漏缝地板缝隙宽度（毫米）	
	一般材料地板	金属窄条网状地板
＜8	9	—
[8，15)	11	—
[15，25)	14	11
[25，100)	18	16
≥100	22	—

（2）墙壁。要求坚固耐用，保暖性能好。石料墙壁坚固耐用，但导热性强，保温性能差；砖墙保温好，有利于防潮，也较坚固耐久，但造价高。

（3）屋顶。屋顶是猪舍与外界进行热传导面积最大的部位，要求结构简单，经久耐用，保暖性能好。草料屋顶造价低，保温性能最好，但不耐用，易漏雨；瓦屋顶坚固耐用，保温性能仅次于草屋顶，但造价高；泥灰屋顶造价低，能防暑防寒，但耐久性不很高。

（4）门窗。双列猪舍中间过道为双扇门，要求宽度不小于1.5米，高度2米。单列猪舍走道门要求宽度不少于1米，高度1.8～2.0米。猪舍门一律要向外开。窗户的大小以采光面积与地面面积之比来计算，种猪舍要求1∶（8～10），育肥猪舍要求1∶（15～20）。窗户距地面高1.1～1.3米，窗顶距屋檐40厘米，两窗间隔距离为其宽度的2倍，后窗的大小无一定标准，为增加通风效果，可增设地窗。

12 不同猪舍怎样布置？

（1）公猪舍。一般为单列半开放式，舍内温度要求15～20℃，风速为0.2米/秒，内设走廊，外有小运动场，以增加种公猪的运动量，一圈一头（图2-2）。

图2-2 公猪舍

（2）空怀舍、妊娠母猪舍。最常用的一种饲养方式是分组大栏群饲，一般每栏饲养空怀母猪4～5头、妊娠母猪2～4头。圈栏的结构有实体式、栏栅式、综合式三种，猪圈布置多为单走道双列式。猪圈面积一般为7～9米^2，地面坡降不要大于1/45，地表不要太光滑，以防母猪跌倒。也有用单圈饲养的，一圈一头。舍温要求15～20℃，风速为0.2米/秒（图2-3和图2-4）。

图 2-3　空怀舍

图 2-4　妊娠母猪舍

（3）分娩哺育舍。舍内设有分娩栏，布置多为两列式或三列式。舍内温度要求15～20℃，风速为0.2米/秒。分娩栏位结构也因条件而异。①地面分娩栏：采用单体栏，中间部分是母猪限位架，两侧是仔猪采食、饮水、取暖等活动的地方。母猪限位架的前方是前门，前门上设有槽和饮水器，供母猪采食、饮水，限位架后部有后门，供母猪进入及清粪操作。可在栏位后部设漏缝地板，以排除栏内的粪便和污物。为了改善母猪和仔猪的环境条件，在分娩栏下的母猪躺卧区和仔猪活动区的地面下铺设地热管，形成暖床，这样母猪不易着凉，疾病少。仔猪活动区气温高，地面干燥，可大大提高仔猪成活率。②网上分娩栏（图2-5）：主要由分娩栏、仔猪围栏、钢筋编织的漏缝地板网、保温箱、支腿等组成。钢筋编织的漏缝地板网通过支腿架在粪沟上面，母猪分娩栏再安架到漏缝地板网上，粪便很快就通过漏缝地板网掉入粪沟，防止粪尿污染，保持网面上的干燥，大大减少了仔猪下痢等疾病，从而提高仔猪的成活率、生长速度和饲料利用率。

图 2-5　网上分娩栏

（4）保育舍。仔猪保育舍在北方要建成封闭式猪舍，在南方可建成半敞开式猪舍。饲养规模小可建成单列式，饲养规模大可建成双列式（图2-6），甚至多列式。和分娩哺育舍一样，保育舍的保温性能一定要好。

（5）生长育肥舍。生长育肥舍饲养生长育肥猪，生长育肥猪一般都是群养，每栏饲养10头左右规模的较多，多的可养到25头，每栏养猪最多不超过40头为好。可根据养猪场自身条件选择单列式、双列式及多列式（图2-7）。

图2-6 双列式保育舍

图2-7 双列式育肥舍

13 猪场设备有哪些？

（1）猪栏。公猪和肥猪的隔栏应建造矮墙形式避免彼此干扰，其他猪的隔栏，纵隔栏为固定式，横隔栏以活栏栅式为宜，以便调节栏圈面积（表2-4）。

表2-4 猪栏基本参数与结构

<table>
<tr><th></th><th>每头猪占用面积（米²）</th><th colspan="2">栏高（毫米）</th><th>栏栅间隙（毫米）</th></tr>
<tr><td>公猪栏</td><td>5.5～7.5</td><td colspan="2">1200</td><td>100</td></tr>
<tr><td>配种栏</td><td>6.0～8.0</td><td colspan="2">1200</td><td>90</td></tr>
<tr><td>母猪单体栏</td><td>1.2～1.4</td><td colspan="2">1000</td><td></td></tr>
<tr><td>母猪小群</td><td>1.8～2.5</td><td colspan="2">1000</td><td>90</td></tr>
<tr><td rowspan="2">分娩栏</td><td rowspan="2">3.3～4.18</td><td>母猪</td><td>100</td><td></td></tr>
<tr><td>仔猪</td><td>550～600</td><td>35</td></tr>
</table>

（续）

<table>
<tr><th></th><th>每头猪占用面积（米^2）</th><th colspan="2">栏高（毫米）</th><th>栏栅间隙（毫米）</th></tr>
<tr><td>保育栏</td><td>0.3～0.4</td><td rowspan="3">仔猪</td><td>700</td><td>55</td></tr>
<tr><td>育成栏</td><td>0.55～0.7</td><td>800</td><td>80</td></tr>
<tr><td>育肥栏</td><td>0.75～1.0</td><td>900</td><td>90</td></tr>
</table>

（2）通风设备。

① 自然通风。不借助任何动力使猪舍内外的空气进行流通。为此在建造猪舍时，应把猪场（舍）建在地势开阔、无风障、空气流通较好的地方；猪舍之间的距离不要太小，一般为猪舍屋檐高度的3～5倍；猪舍要有足够大的进风口和排风口，以利于形成穿堂风；猪舍应有天窗和地脚窗，有利于增加通风量。在炎热的夏季，可利用昼夜温差进行自然通风，夜深后将所有通风口开启直至第二天上午气温上升时再关闭所有通风口，停止自然通风。

② 机械通风。以风机为动力迫使空气流动的通风方式。机械通风换气是封闭式猪舍环境调节控制的重要措施之一。在炎热季节利用风机强行把猪舍内污浊的空气排出舍外，使舍内形成负压区，舍外新鲜空气在内外压差的作用下通过进气口进入猪舍。传统的设备有窗户、通风口、排气扇等，但是这些设备不足以适应规模化的生产形势。现代的设备是“可调式墙体卷帘”及“配套湿帘抽风机”。卷帘的优点在于它可以代替房舍墙体，节约成本；既可保暖又可取得良好的通风效果（卷帘是装有简易收放装置的一张长80～120米，宽5米的布帘；其编织工艺精细，编织线柔韧耐腐蚀，具有一定厚度，防寒保暖、防辐射效果良好，可以随时轻松收卷和展开）。如遇到高温无风天气，即可放下卷帘启动湿帘降温、通风，具有立竿见影的效果（通风系统的主要作用是排出舍内牲畜呼出的湿气，排出过剩的热量、废气、异味和粉尘，同时又要保持舍内无贼风）；另外，卷帘是特制布料，可使用5年以上，且更换极为方便。

（3）降温设备。

① 冷风机降温。当舍内温度不很高时，采用小蒸发式冷风机，降温效果良好。

② 喷雾降温。用自来水经水泵加压，通过过滤器进入喷水管道后从喷雾器中喷出，在舍内空间蒸发吸热，使舍内空气温度降低。

③ 水帘降温。水帘降温系统的降温过程是在其核心纸垫内完成的，在波

纹状的纤维表面有层薄薄的水膜，当室外干热空气被风机抽吸穿过纸内时，水膜上的水会吸收空气的热量蒸发形成蒸气，这样经过处理后的凉爽湿润的空气就进入室内，此时能达到降5～10℃的效果。

（4）供水设备。水源丰富的猪场可用一套供水系统。有条件的猪场可安装自动饮水系统，包括供水管道、过滤器、减压阀（或补水箱）和自动饮水器等部分。自动饮水系统可四季日夜供水，且清洁卫生。规模化养猪场常用乳头式饮水器。安装时一般应使其与地面成45°～75°倾角，离地高度，仔猪为25～30厘米，中猪为50～60厘米，成年猪为75～85厘米。常用的水泥槽和石槽等，适用于小猪场和个体户养猪，投资少，但浪费水且卫生条件差。

（5）粪污处理设备。随着规模化养猪的发展，环境污染问题也越来越严重，要使环境污染降到最低，就必须对猪的粪污进行处理。一个100头基础母猪群的养猪场，平时猪的饲养头数在1100头左右，每日约排出2.5吨的粪，4吨左右的尿，排出的污水是尿重的2～5倍（表2-5）。

表2-5　猪的粪尿排泄量

单位：千克

猪的类别		体重	每日每头猪的粪尿排泄量		
			粪量	尿量	粪尿合计
肉猪	大	90	2.3～3.2	3.0～7.0	5.3～10.2
	中	60	1.9～2.7	2.0～50	3.9～7.7
	小	30	1.1～1.6	1.0～3.0	2.1～4.6
繁殖母猪		160～300	2.1～2.8	4.0～7.0	6.1～9.8
泌乳母猪			2.5～4.2	4.0～7.0	6.5～11.2
种公猪		200～300	2.0～3.0	4.0～7.0	6.0～10.0

猪场粪污收集方式主要有水泡粪和干清粪等。

①水泡粪。在水冲粪工艺的基础上改造而来。工艺流程是在猪舍内的排粪沟中注入一定量的水，粪尿、冲洗和饲养管理用水一并排放到缝隙地板下的粪沟中，储存一定时间后（一般为1～2个月），待粪沟装满，打开出口的闸门，将沟中粪水排出。粪污顺粪沟流入粪便主干沟，进入地下贮粪池或用泵抽吸到地面贮粪池。水泡粪工艺同样耗水量大，而且由于粪便长时间在猪

舍中停留，形成厌氧发酵，产生硫化氢、甲烷等大量有害气体，危及动物和饲养人员的健康。

② 干清粪。干清粪工艺的主要方法是，粪便一经产生便分流，干粪由机械或人工收集、清扫、运走，尿及冲洗水则从下水道流出，分别进行处理。干清粪工艺分为人工清粪和机械清粪两种。人工清粪只需用一些清扫工具、人工清粪车等，设备简单，不用电力，一次性投资少，还可以做到粪尿分离，便于后面的粪尿处理；缺点是劳动量大，生产率低。机械清粪包括铲式清粪和刮板清粪。机械清粪的优点是可以减轻劳动强度，节约劳动力，提高工效；缺点是一次性投资较大，还要花费一定的运行维护费用。而且我国目前生产的清粪机在使用可靠性方面还存在欠缺，故障发生率较高，由于工作部件上沾满粪便，维修困难。此外，清粪机工作时噪声较大，不利于畜禽生长，因此养猪场很少使用机械清粪。还有一种地面养猪的干清粪工艺，就是锯末垫料法。这种方法在我国南方一些猪场使用，猪舍地面撒上锯末不但使粪尿容易清理，更方便调节粪尿中的水分含量。

（6）喂料设备

① 水泥食槽。适用于饲喂湿拌料，坚固耐用，价格低廉，并可兼做水槽。

② 金属食槽。有圆形和长方形两种，以长方形应用较为普遍。自动食槽有“天候”喂猪的功能，它省工，省力，清洁卫生，适用于群体饲养，其基本参数见表2–6。

表 2-6 金属自动落料食槽基本参数

单位：毫米

式样	猪群种类	H（高度）	B（采食间隙）	Y（前缘高度）
长方形	培育仔猪	700	140 ～ 150	100 ～ 120
	生长猪	800	190 ～ 210	150 ～ 170
	育肥猪	900	240 ～ 260	170 ～ 190
圆形	培育仔猪	620	140	150
	生长猪	950	160	160
	育肥猪	1100	200 ～ 240	200

图2–8至图2–12是几种食槽的结构示意图。

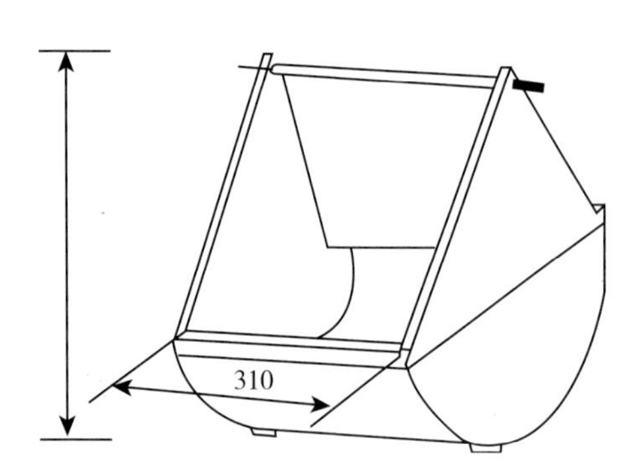

图 2-8 铸铁半圆弧食槽（单位：毫米）

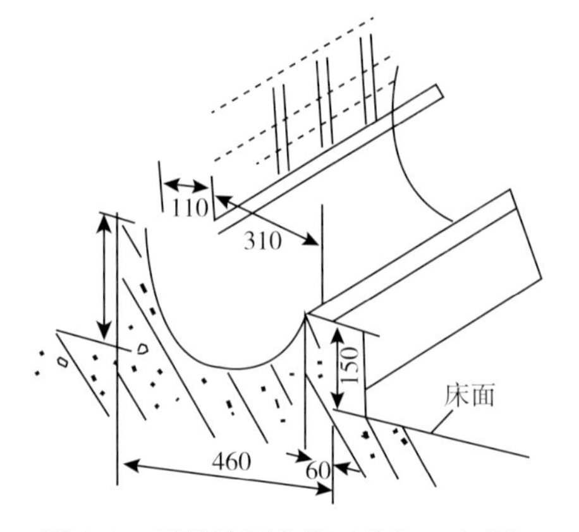

图 2-9 限量地面食槽（单位：毫米）

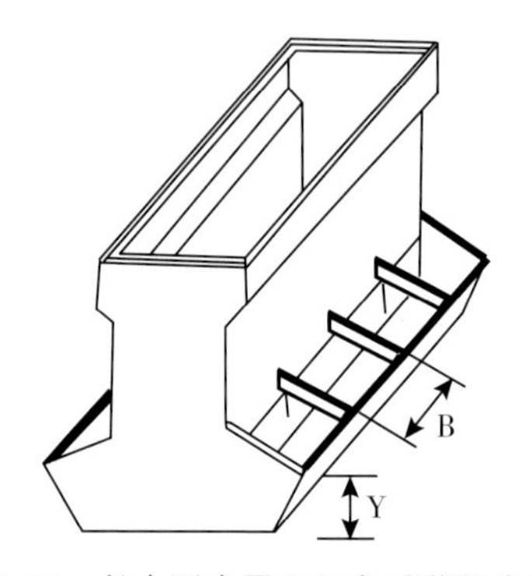

图 2-10 长方形金属双面自动落料食槽（单位：毫米）

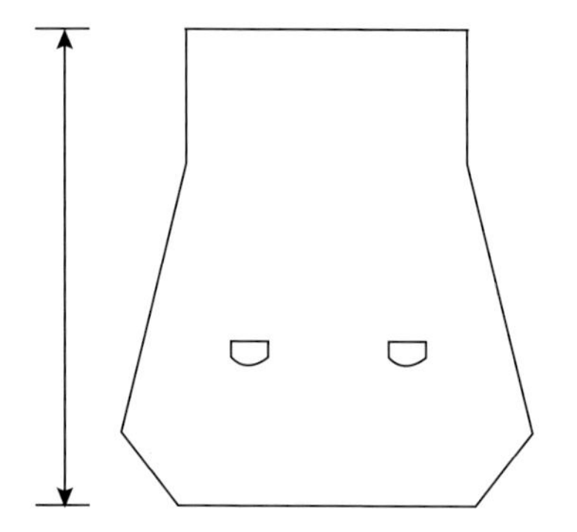
图 2-11 水泥双面自动落料食槽（单位：毫米）

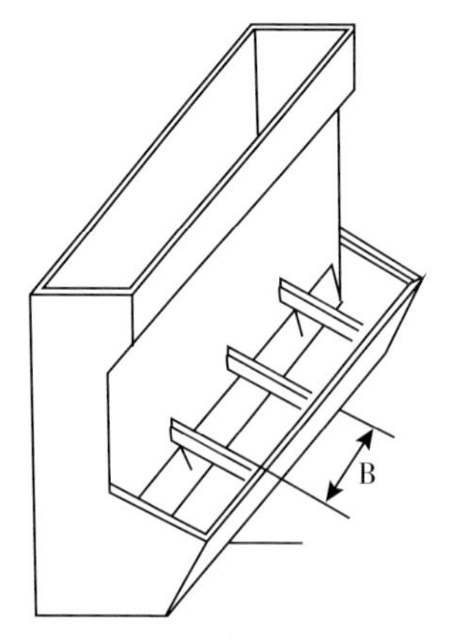

图 2-12 长方形金属单面自动落料食槽

14 猪场建设遵循什么原则？

在猪场建设过程中应设法减少投入，因此，从猪场选址开始，到规划猪场布局、生产流程设计、猪种选择等每一个环节都要遵循“少花钱，多办事，办好事”的原则。在具体建设中还要遵循以下几个方面原则，以减少投入、合理使用资金。

（1）就地取材，因地制宜。我国地域大，各地有不同的资源，在猪场建设中应充分利用，不要不切实际，不顾本身的经济条件追求洋大全。例如，在建筑材料上，不一定要用钢筋水泥结构的，可改用当地的砖瓦木结构；在设备上，不一定搞机械化操作，可由人工替代；在通风上，不一定用机械电力通风，可自然通风，从而使建场投资大大下降。

（2）突出重点，投资在刀刃上。养猪生产的环节很多，而关键环节是在母猪分娩后的哺乳期和断奶仔猪的保育期。因此，在资金有限的情况下，可集中投入在分娩舍和保育舍，采用高床网上饲养，匹配通风、保温和降温设施，达到高投入高产出的效果。其他猪舍一般化就可以了。

（3）一次设计，逐步分期实施。在规模化养猪场建设方案确定后，资金不能一步到位时，可采用一次规划设计布局，分期分批逐步实施。这样既克服了建设资金不足的燃眉之急，又使资金得到高效的利用。在分期实施期间，必须严格实行边建设边使用的兽医防疫制度，否则会带来人为的损失。

15 猪场建设怎样与生态相结合？

养猪业是农业生产系统的重要组成部分。猪的粪尿是一种极好的有机肥料。猪粪肥田，农牧结合，是有机农业的一种重要形式。而规模化养猪场特别是大型猪场会影响周围环境。一年出栏肉猪1万头的猪场，每天约产生粪污100～150吨。因此，最好的解决办法是建设包括猪场在内的生态农业。猪场生态循环模式主要有：养—养结合型、养—种结合型、养—种—养混合型等。

（1）养—养结合型。这种模式是养殖业的主体开发型，主要有以下几种方式。一是养猪与养鱼结合。这是利用养猪废弃物和猪粪尿换取鲜鱼的模式。一般养一头90千克肉猪约产猪粪尿2500千克，每40千克猪粪尿可养1千克鲜鱼，如果亩*产400千克鲜鱼，则全年饲养6～7头肉猪即可。四川和江西农村养猪专业户建立了猪—鱼—粮的优化组合模式。一个劳动力养16头肉猪，利用猪粪尿和其他饲料配合养11.3亩鱼，清塘泥肥田，猪、鱼、粮均获丰收，一个劳动力年纯收入可达万元以上。二是养猪与猪粪尿厌氧发酵生产沼气相结合。沼气燃烧产生热能供生活利用，沼水、沼渣可养鱼或养蜓蚓，蜓蚓可作为动物饲料，沼液、沼渣还可用来培育中草药、花卉等。

（2）养—种结合型。养种结合，立体开发，是将养猪业与种植业有机地结合在一起，形成物质良性循环。养种结合的模式很多，概括有：养猪—水稻；养猪—旱田粮食作物、牧草、蔬菜、经济作物等；养猪—果树；养猪—森林等。

（3）养—种—养混合型。这种模式实行多层次的开发，可获得多层次的效益。辽宁大洼区西安生态养殖场养猪结合养鸭、养鱼、养蟹并生产饲料作物和水稻，创出了高效益的生态养殖场。这个养殖场有养鱼水面50亩，水生饲料100亩水面，养蟹10亩水面，种水稻400亩。利用猪舍四周修建沟渠，与水塘相通，形成循环圈。用水冲洗猪栏，把猪粪尿引入高度耐肥的水葫芦沟塘，水葫芦得到充足的营养，亩产达到50000千克。肥水经过水葫芦净化后，掺杂着浮游生物被引入红萍池，进行第二次利用。红萍池里的鱼蟹既可食红萍，也可食浮游生物，每亩可产红萍50000千克，产鱼300千克，产蟹100千克，产蚌珍珠3千克。肥水经鱼池净化后被引入水稻田再利用，稻田中养鱼，水稻不施化肥，亩产稻谷600千克，产鱼30千克。在沟边、道路旁和池塘周围植树1.8万多株，在猪舍四周栽花种草2000米^2，土地利用率达95%。猪舍四周被水葫芦、红萍环抱，空间被葡萄篱架遮盖，植被覆盖率为90%，使整个养殖场保持了良好的生态环境，每年经济效益都在10万元以上。

16 旧猪场、猪舍如何改造和利用？

我国20世纪60—70年代组建了一批集体猪场，这些猪场仍沿袭传统的生

* 亩为非法定计量单位，1亩约等于667米^2。——编者注

产模式，随着养猪业的发展，传统猪场的现代化改造成了人们关注的问题。

相对于现代化生猪养殖场的各种设施，传统猪场主要存在以下不足。

一是猪场内所建猪舍的结构全部一样，每头母猪从开始生产到淘汰都生活在同一圈舍内，所产仔猪断奶后移出母猪圈，育肥猪则从断奶到上市一圈一群，整个生产期内很少转舍转群。这样就要求饲养员必须掌握从母猪发情鉴定、配种到妊娠、分娩和乳猪培育等全程的饲养管理技术。二是猪舍内各圈规格大小基本一致，当饲养不同类型的猪时会造成猪舍面积的浪费。三是由于猪不同的生理发育阶段均在同一舍内完成，很难对猪舍进行环境控制，因此饲喂效果不理想，较难适应市场需求。

而规模化猪场是以工业生产的方式，采用现代化的科学技术和管理措施，为猪的生长发育提供各种适宜的条件，使猪的生产潜力得到充分发挥，达到高效、优质、低耗生产猪产品的目的。为此，传统猪场改造的要点，就是将猪从出生到上市的整个饲养过程，依据不同生长发育时期的生理特点划分为若干个连续的饲养阶段，实现流水线生产。不少地方对传统猪场改造后，取得了很好的效益，提高了圈舍利用率，增加了饲养头数，有计划地连续生产，全进全出，使商品猪出栏持续稳定，同时还降低了劳动强度，提高了劳动效率，有利于防疫，使整个猪场的经济效益显著增加（表2-7）。

表 2-7　传统猪场现代化改造前后劳动定额比较

猪类别	配种	妊娠	分娩	保育	生长	育肥
万头猪场存栏（头）	120	288	120	796	1560	1544
改造前人均定额（头）		20			200	
需人数（人）		26			20	
改造后人均定额（头）	60	60	20	350	250	200
需人数（人）	2	5	8（夜班2）	2.5	6.5	8

第三章 猪种及其杂交利用

17 如何选择地方猪种?

选择合适的猪种是养猪生产的关键，猪种的好坏，不仅可以直接影响养猪生产的水平，而且关系到养猪效益的高低。养猪生产者必须根据生产经营的目的，选择适宜的猪种。下面对部分优良的地方猪种作简要介绍。

（1）二花脸猪。二花脸猪以江苏常州舜山为中心，主要分布在江阴、武进、常熟、丹阳、宜兴及靖江等市（县）。体型中等，结构匀称；头大额宽，耳大下垂过下颌；嘴筒稍长且微凹，鼻额间有一突起横肉，头部面额皱纹清楚，上有2～3道横纹；四肢稍高，中躯稍长，背腰较软、微凹，腹大下垂而不拖地，后躯宽而稍倾斜，全身骨骼粗壮结实，臀部肌肉欠丰满；全身被毛、鬃毛为浅黑色，被毛稀而短软，成年种猪鬐甲部鬃毛长而硬；母猪乳房发育良好，有效乳头在9对以上。在正常饲养条件下，公猪性成熟年龄为4月龄，母猪为3月龄左右；适宜初配年龄公猪为7～8月龄，母猪为5月龄左右。经产母猪窝产仔数平均约为16头，初生重800克左右。肥育猪在20～75千克阶段时，日增重约为430克，饲养天数约为130天，料重比约为4.0∶1.75时屠宰，屠宰率在64%以上，6～7肋背膘厚为3.6厘米左右，胴体瘦肉率平均为42%～43%（图3-1和图3-2）。

（2）梅山猪。梅山猪原产地主要在太湖排水干道的浏河两岸，目前主要分布在上海市嘉定区和江苏太仓、昆山等地。梅山猪体型较大，毛呈浅黑色、较稀，皮肤微紫或浅黑，具有四蹄、鼻吻、尾尖为白色的“六白”特征；头小且头部纹理较多且匀称，面部有深的皱纹；耳大下垂大多都超出鼻尖，背腰平直（妊娠期略凹），躯干和四肢的皮肤松弛，胸深且窄，腹部下垂，腰线下凹，斜尻，大腿欠丰满，腿较短，乳头数多为16～18枚。梅山猪经产母猪平均每胎总产仔数（15.71±0.13）头，产活仔数（14.33±0.18）头，初生个体重0.91千克，窝重（13.07±0.09）千克；60日龄断奶仔数（12.54±0.08）头，个体重15.10千克，窝重（187.39±1.41）千克。成年公猪体重180千克，成年母猪体重155千克。180日龄体重60千克，胴体重37千克，屠宰率63%，瘦肉率45%，6～7肋间背膘厚3.2厘米（图3–3和图3–4）。

图3-1　二花脸公猪

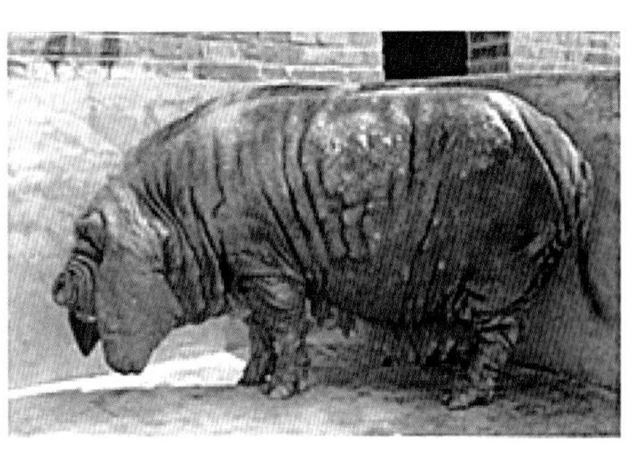

图3-2　二花脸母猪

图3-3　梅山公猪

图3-4　梅山母猪

（3）淮猪。淮猪在江苏又称淮北猪，为区别于培育品种新淮猪，又称老淮猪。分布于洪泽湖及淮河入海通道以北地区，中心产区在江苏省淮安、连云港等地，目前集中在东海县。淮猪体型紧凑，中等大小，背腰窄平，极少数微凹。全身被毛黑色、较密，冬季生褐色绒毛，鬃毛较长、硬，富有弹性。头部面额皱纹浅而少，有菱形皱纹，嘴筒较长而直（有拱土的习惯），耳稍大、下垂；中躯稍长，肋骨数14对，腰背窄平，部分猪微凹，腹部较紧，不拖地；臀部斜削，尾长28～37厘米，较粗，下垂，尾末梢松散，毛较密；四肢较高且结实，稍卧系。母猪乳头较粗，对称排列，一般为8～10对。成年公猪下颌两侧各有1獠牙，粗大，稍向上弯曲，前肢上部外侧皮肤形成盔甲状，脊背中部向前有6～7道纵向皱褶。淮猪母猪初情期为75日龄左右，公猪90日龄左右出现性行为。母猪7～8月龄配种，体重50～60千克；公猪8～9月龄配种，体重75千克左右。初产母猪产仔数9头左右，经产母猪产仔数13头以上。断奶窝重85～90千克。初生重0.8～1千克，45日龄断奶重7～8千克，90日龄（保育结束）体重15～16千克，6～7月龄公猪体重60千克左右，6～7月龄母猪体重54千克左右，成年公猪体重110～150千克，日增重约为475克，每千克增重约消耗混合精料4.57千克，肌肉色泽鲜红色或深红色，脂肪洁白，有光泽，大理石纹明显；切面不渗水，触摸有弹性，外表微干或微浸润，不粘手；肌肉pH为5.6～6.5，系水力6%～15%，嫩度≤3.5，肌内脂肪为3.5%～5%，最高达7.5%。煮沸烹饪后肉汤澄清透明，脂肪团聚于表面，香味浓郁。淮猪可与外来猪种杂交生产二元和三元杂交商品猪（图3-5和图3-6）。

图3-5 淮公猪

图3-6 淮母猪

（4）**姜曲海猪。**姜曲海猪分布于江苏省姜堰、海安一带，分大伦庄猪、曲塘猪和海安团猪三个类群，以繁殖力高、肉质好、骨皮比例较低而著称。头短、耳中等大小，全身被毛黑，鼻吻处偶见白斑，皮薄毛稀。成年公猪体重平均156千克，成年母猪体重平均141千克，乳头多达8～10对。性成熟早，公猪3月龄时即能正常射精，小母猪在76日龄即出现发情症状，90日龄时即能受孕。产仔数较多，母猪头胎平均产仔数为11.08头，二胎为13.14头，三胎及三胎以上为14.10头。姜曲海猪属脂肪型猪种，生长速度较慢，其达到90千克体重前的平均日增重仅376克左右。屠宰率为66%左右，胴体瘦肉率低，90千克体重时的胴体瘦肉率为39.68%。姜曲海猪作为经济杂交的母本，与国外瘦肉型猪种杂交后，产仔性能有所下降，但其日增重有较大提高，饲料报酬和胴体瘦肉率也明显提高。无论生产二元杂交猪还是三元杂交猪，杜洛克猪均是较为理想的终端父本（图3-7和图3-8）。

图3-7　姜曲海公猪

图3-8　姜曲海母猪

（5）**金华猪**。金华猪主要分布在东阳、浦江、义乌、金华、永康、武义等地。毛色以中间白、两头黑为特征，又称“两头乌”或“金华两头乌猪”，但也常有少数金华猪的背部有黑斑。体型中等偏小，耳中等大，下垂不超过口角，额有皱纹。颈粗短，背微凹，腹大微下垂，乳头数多为15～17枚，臀较倾斜。四肢细短，蹄坚实呈玉色。按头型可分为“寿字头”和“老鼠头”两种类型。“寿字头”型猪分布于金华和义乌等地，个体较大，生长较快，头短，额部有粗深皱纹，背稍宽，四肢较粗壮。“老鼠头”型猪分布于东阳等地，个体较小，头长，额部皱纹较浅或无皱纹，背较窄，四肢高而细。小猪在70～80日龄开始发情，105日龄左右达到性成熟，6月龄即可配种生产。成年公猪体重约为140千克,成年母猪体重约为110千克。产仔数平均为13.78头,初生重0.73千克。8～9月龄肉猪体重为63～76千克,屠宰率72%，10月龄瘦肉率43.46%。在每千克配合饲料含消化能12.56兆焦、粗蛋白质14%和精、青料比例1：1的营养条件下，在体重17～76千克阶段，平均饲养期127天，日增重464克，每千克增重耗消化能51.41兆焦，可消化粗蛋白质425克，75千克体重屠宰，屠宰率72.55%，瘦肉率43.36%。金华猪皮薄、骨细、肉质好，适宜腌制火腿和腊肉（图3-9和图3-10）。

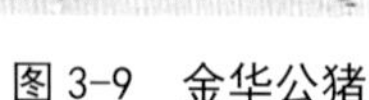

图 3-9 金华公猪

图 3-10 金华母猪

（6）**民猪**。民猪原名东北民猪，按照体型大小分为大型（大民猪）、中型（二民猪）和小型（荷包猪）三种类型，主要分布在黑龙江、辽宁、吉林和内蒙古的通辽、赤峰、呼伦贝尔、兴安盟辖区等地。体型中等，头中等大，面直长、耳大下垂，颈肩衔接良好，背稍凹，胸深，四肢粗壮，后腿稍弯，体躯略窄。全身被毛黑色，皮肤有不同程度的皱褶，冬季除长毛外尚有绒毛密生，具有明显的耐寒性，能够适应北方冬季零下二十几度的低温环境，在-28℃仍不发生颤抖，在-15℃能正常产仔哺育。成年公猪平均体重为180千克，体长140厘米，体高80厘米；成年母猪平均体重为145千克，体长133厘米，体高130厘米，胸围76厘米，胴体各部分的早熟性按骨骼—肌肉—皮肤—脂肪的顺序先后出现。新生仔猪初生重平均为0.8千克，1月龄时可达到4千克左右，是初生重的近5倍；到2月龄时为11千克，是1月龄的近3倍；之后不再有体重成倍增长的情况，至8月龄体重可达90千克左右，其生长速度要远低于大白猪、长白猪等商品猪种。性成熟早，受胎率高，护仔性强。母猪约在3～4月龄出现初情期，发情征候明显，发情周期一般为18～24天，持续3～7天，发情持续时间长，配种容易，空怀率低。头胎产仔数11.04头，三胎产仔数11.93头，四胎以上产仔数13.54头。母性良好，泌乳力高，初产母猪60天泌乳270千克，经产母猪60天泌乳340千克。蓄脂能力强，肥育日增重458克，屠宰率72.5%，体重达90千克后脂肪增加，瘦肉率下降。活重90千克屠宰时，肾周脂肪约占胴体重的5%，腹外脂肪（皮下脂和肌间脂）约占30%左右，而肌肉仅占约45%，肉味香浓。背最长肌pH为5.77左右，肉色为2.90分，大理石纹为3.60分，失水率为28.50%，熟肉率为59.08%，滴水损失为2.53%，眼肌面积为21.24厘米^2，肌内脂肪含量为5.39%，背最长肌中脂肪酸组成中软脂酸5.42%、硬脂酸10.05%、油酸48.92%、亚油酸5.09%。在对肌肉组织学特性的研究中，其每网格内纤维数为429.47根，直径44.39微米，红纤维占12.15%，中间型纤维占14.52%，白纤维占73.2%。肉质坚实、肌肉颜色鲜红、无PSE肉发生、肌内脂肪含量高、大理石花纹分布均匀等（图3–11和图3–12）。

图3–11　民猪公猪

图3–12　民猪母猪

（7）荣昌猪。荣昌猪主产于重庆荣昌和四川隆昌两县，后扩大到永川、泸县、泸州、合江、纳溪、大足、铜梁、江津、璧山、宜宾及重庆等10余县、市。“狮子头、黑眼膛、罗汉肚、双脊梁,骡子屁股尾根粗,嘴短三道箍”。体型较大，结构匀称，毛稀，鬃毛洁白、粗长、刚韧。头大小适中，面微凹，额面有皱纹，有漩毛，耳中等大小而下垂，体躯较长，发育匀称，背腰微凹，腹大而深，臀部稍倾斜，四肢细致、坚实，乳头6～7对。绝大部分全身被毛除两眼四周或头部有大小不等的黑斑外，其余均为白色；少数在尾根及体躯出现黑斑。按毛色特征分别称为“金架眼”“黑眼膛”“黑头”“两头黑”“飞花”和“洋眼”等。其中“黑眼膛”和“黑头”约占一半以上。在保种选育场内，公猪的发情期为62～66日龄，4月龄已进入性成熟期，成年公猪的射精量为210毫升左右，精子密度为0.8亿/毫升。母猪初情期平均为85.7(71～113）日龄，发情周期20.5(17～25）天，发情持续期4.4(3～7）天。初配年龄公猪、母猪均在5～6月龄以后，初产母猪产仔数（6.7±0.1）头，断奶成活数（6.4±0.1）头，窝重（60.7±0.4）千克；三胎以上经产母猪产仔数为（10.2±0.1）头，断奶成活数（9.7±0.2）头，窝重（102.2±0.6）千克。60天总泌乳量为286.5千克。不限量饲养日增重623克。成年公猪体重98.1千克，母猪86.8千克。日增重313克，以7～8月龄体重80千克左右为宜，屠宰率为69%，瘦肉率42%～46%，腿臀比为29%。肌肉呈鲜红或深红色，大理石纹清晰，分布较匀，24、96小时贮存损失分别为3.5%、7.2%。股二头肌熟肉率为67.7%。背最长肌的含水率为70.8%，脂肪3.2%，蛋白质24.8%；每克干肉发热量为5725千卡。鬃毛洁白，刚韧质优。鬣鬃一般长11～15厘米，最长达20厘米以上，一头猪能产鬃200～300克，净毛率90%(图3-13和图3-14)。

图3-13　荣昌公猪

图3-14　荣昌母猪

（8）成华猪。成华猪产于四川省成都平原中部，以成都市的金牛、双流、郫都、温江等区、县为中心产区。体型中等偏小，头方正，额面皱纹少而浅，嘴筒长短适中，耳较小、下垂，颈粗短，背腰宽、稍凹陷，腹较圆而略下垂，臀部丰满，四肢较短，被毛黑色，乳头6～7对。成年公猪平均体重148.9千克，体长138.0厘米，胸围127.1厘米，体高74.3厘米；成年母猪平均体重128.9千克，体长135.4厘米，胸围121.1厘米，体高66.0厘米。母猪平均产仔猪10.74头，个体重0.87千克。仔猪20日龄窝重33.9千克。成华猪具有早熟易肥、屠宰率较高和肉质细嫩的特点。生长发育：在中等营养水平下，成华后备公猪6月龄体重44.4千克，母猪6月龄体重47.0千克。成华猪性成熟较早，小公猪59日龄能产生正常精子。传统农户饲养的公猪多在3～4月龄、体重25千克开始配种，规模化养殖场饲养的公猪多在8月龄、体重60千克左右时配种。小母猪初次发情期为88日龄。传统农户饲养的母猪一般于6～8月龄、体重70千克左右初配。经产母猪平均产仔数10.74头，初生个体重0.87千克，60日龄断乳成活数9.13头、窝重104.1千克。肥育性能：在混合精料不限量条件下，饲养141天，7.5月龄体重达93.1千克，日增重535克，每千克增重耗消化能11.3兆卡、可消化粗蛋白质525克。体重65.8～87.0千克的肥猪，屠宰率70%左右，胴体瘦肉率41.2%～46.1%（图3–15和图3–16）。

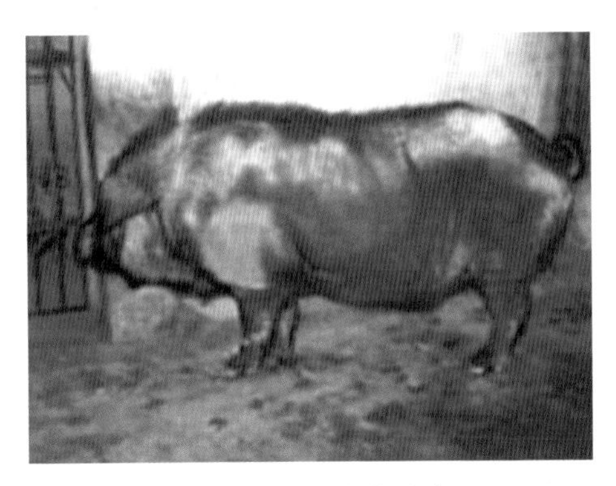

图 3–15　成华公猪

图 3–16　成华母猪

（9）**通城猪。**通城猪的中心产区在湖北咸宁通城县，产区主要分布在湖北的崇阳、赤壁（原蒲圻）、通山、咸宁，湖南的临湘、岳阳以及江西的修水等地。“两头黑，中间白”，即头、颈、臀、尾黑色，体躯、四肢为白色。额心有一小撮白毛(白星)，俗称“黑头黑尾一朵花”，有的额心白毛延伸至鼻端，称“破额”。极少数猪的背腰部有1～2块大小不等的黑斑，称为“腰花”，尾尖一般着生黑毛，个别着生白毛。颈、臀黑白交界处有2～4厘米宽的黑皮白毛灰色带，称为“晕”。头型有两种：“一字头”(头大小适中，面平直，额上皱纹少而浅，并有一条较粗深近似“一”字的横纹)与“万字头”(头较短，面微凹，额上皱纹多而深，形似篆体“万”字)。耳中等大，似麻叶。肋骨数一般14对。背腰凹或平直，腹大下垂、不拖地，臀部较倾斜。乳头一般7对。前肢直立，后肢多卧系。通城猪性成熟早。公猪30～40日龄就有“性戏”活动，3～4月龄、体重30～40千克可配种，6～8月龄、体重50千克初配。母猪90日龄左右初次发情，6～8月龄、体重60千克初配，发情周期18～22天，发情持续期3～4天。公猪性欲旺盛，配种能力强。公猪利用年限3～4年，母猪5～8年。通城猪经产母猪窝产仔数11.5～12.0头。成年公猪体重（144.3±27.0）千克，体长（145.7±12.5）厘米，胸围（118.7±7.1）厘米，体高（72.9±3.4）厘米;成年母猪体重（147.6±22.0）千克，体长（134.7±7.0）厘米，胸围（124.9±8.30）厘米，体高（69.2±4.1）厘米（图3–17和图3–18）。

图 3-17　通城公猪

图 3-18　通城母猪

（10）两广小花猪。两广小花猪由陆川猪、福绵猪、公馆猪、黄塘猪、塘缀猪、中垌猪、桂墟猪归并而成，属华南型猪种。分布于广东、广西相邻的浔江、西江流域的南部，中心产区有陆川、玉林、合浦、高州、化州、吴川、郁南等地。两广小花猪体型较小，具有头短、颈短、两耳短、身短和尾短的特点，故有“六短”猪之称。额较宽，有“< >”形似菱形皱纹，中间有白毛三角星，耳小向外平伸，背腰宽广凹下，腹大拖地，体长与胸围几乎相等。被毛稀疏，毛色为黑白花，除头、耳、背、腰、臀为黑色外，其余均为白花，黑白交界处有4～5厘米黑皮白毛的灰色带。6月龄母猪体重38千克，体长79厘米，胸围75厘米。成年母猪体重112千克，体长125厘米，胸围1.13厘米，乳头6～7对。两广小花猪性成熟早，母性好。60日龄公猪睾丸曲精细管出现精子，90日龄附睾出现精子。小母猪120日体重不到30千克即开始发情，多在6～7月龄、体重40千克时初配，发情周期平均20.8（19～22）天，发情持续期平均54（48～96）小时，妊娠期113.3（111～116）天。初产母猪平均产仔8头，经产母猪平均产仔9～10头。生长育肥猪在体重15～90千克阶段，日增重307克左右。体重75千克左右屠宰，屠宰率68%，胴体瘦肉率37.2%。杂交利用以长白、大约克、巴克夏等猪种为父本与该品种杂交，杂种一代在日增重等方面均有提高，其杂种一代肥育猪日增重均达510克以上（图3-19和图3-20）。

图 3-19　两广小花公猪

图 3-20　两广小花母猪

如何选择培育猪种?

（1）**新淮猪。**新淮猪是我国最早有组织、有计划、有措施利用地方猪种杂交育成的猪种，选用大约克夏和淮猪为亲本进行育成杂交，后期部分导入长白猪和巴克夏猪血统。新淮猪被毛黑色，头稍长，嘴筒平直或微凹，耳中等大小，向前下方倾斜，背腰平直，腹稍大但不下垂，臀略斜，有效乳头不少于7对。其属肉脂兼用型猪种，产仔多，初产和经产母猪窝产仔分别为11.73头和13.39头，生长快，杂交育肥性能好，瘦肉率50%左右。具有体质强壮，耐粗饲，适应性、抗逆性强的特点，曾被全国大部分省份饲养，取得了显著的经济效益和社会效益。20世纪80年代初，新淮猪作为优良猪种出口越南和澳大利亚等国（图3-21和图3-22）。

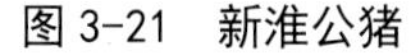

图3-21　新淮公猪

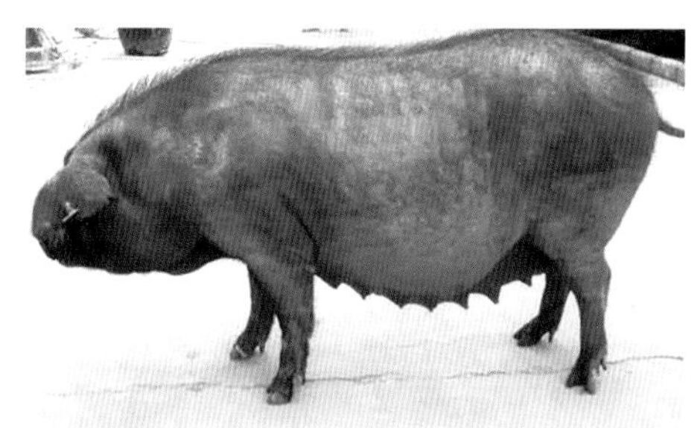

图3-22　新淮母猪

（2）**苏太猪。**苏太猪由江苏省苏州市苏太猪育种中心培育，以太湖猪为母本，杜洛克为父本，通过杂交选育而成，1999年通过国家畜禽品种审定委员会的新品种审定。该猪全身被毛黑色稍淡，耳中等大而垂向前下方，头面有清晰的皱纹，嘴筒直，中等长，四肢结实，背腰平直，后躯丰满。乳房发育良好，有效乳头在7对以上。母猪的初情期为4月龄，母猪9月龄体重116.31千克，公猪10月龄体重126.56千克。初产母猪平均产仔11.68头，经产母猪平均产仔14.45头。90千克屠宰率72.88%，胴体瘦肉率56%，25～90千克育肥阶段日增重623克，饲料利用率3.1：1（图3-23和图3-24）。

图3-23 苏太公猪

图3-24 苏太母猪

（3）苏淮猪。 苏淮猪由大白公猪与新淮母猪杂交选育形成，含新淮猪血统50%、大白猪血统50%，2011年获得国家新品种证书。苏淮猪被毛黑色（极少数有白蹄），头中等大，额宽，耳大，略向前倾，面微凹，背腰平直而长，腹不下垂，后躯发育良好，四肢结实。乳房发育良好，有效乳头在14个以上。成年公猪平均体重157千克以上，母猪平均体重115千克以上。初产仔平均（10.34±0.11）头，3胎以上产仔（13.26±0.08）头，活产仔（12.66±0.11）头。断乳成活11.29头，40日龄断乳窝重101.55千克。25～90千克肥育猪平均日增重662克，料重比3.09 ∶ 1。在宰前平均体重88.52千克的情况下，屠宰率72%，平均背膘厚28.7毫米。后腿比例32.85%。胴体中瘦肉占57.23%、脂肪占22.13%、骨占11.21%、皮占9.47%。肌内脂肪含量2.32%。肉色鲜红，无PSE肉和DFD肉（图3-25和图3-26）。

图3-25 苏淮公猪

图3-26 苏淮母猪

（4）苏姜猪。 苏姜猪是由江苏农牧科技职业学院、扬州大学、江苏省畜牧总站等利用姜曲海猪、枫泾猪、杜洛克猪杂交培育的新品种，2013年通过国家畜禽品种审定委的新品种审定。苏姜猪被毛黑色，初产母猪平均总产仔数10.92头，平均产活仔数10.38头，经产母猪平均总产仔数13.90头，平均产活仔数13.15头。30～100千克阶段，平均日增重700克，料重比3.2∶1，胴体瘦肉率56.6%，屠宰率72.4%，肉色鲜红，肌内脂肪含量3.2%，肉质良好（图3-27和图3-28）。

图3-27　苏姜公猪

图3-28　苏姜母猪

（5）苏山猪。苏山猪是江苏省农业科学院利用苏钟猪与大白猪杂交，含25%太湖猪（二花脸、梅山猪）血统及75%国外猪血统培育的新品种，2017年通过国家新品种审定。苏山猪全身被毛白色，体型中等偏大；头中等大小，面部平直或略凹，耳中等大、略向前倾；背腰平直，腹部较平；腿臀丰满，肢蹄结实；乳头排列整齐，有效乳头数7～8对；外生殖器发育良好，性别特征明显；尾巴粗细和长度中等，且上卷。成年公猪平均体重225.3千克，成年母猪平均体重190.4千克。苏山猪具有优质（肉色鲜红、肌内脂肪含量2.56%，大理石纹3.1）、高产（产仔数13.6头、日增重786克、料重比2.89∶1、瘦肉率59.4%）、抗逆（耐粗纤维可达11.39%、抗喘气病强）等特点，屠体品质一致性好，肉质口感保留了太湖猪的风味特色，产仔数保留了太湖猪高繁殖力特性，受到生产者和消费者的欢迎和喜爱。苏山猪可与杜洛克及长白杂交生产二元杂交商品猪（图3-29和图3-30）。

图3-29　苏山猪公猪

图3-30　苏山猪母猪

（6）湘村黑猪。 湘村黑猪是以湖南桃源黑猪为母本，杜洛克猪为父本，杂交合成选育而育成的新品种，于2012年7月通过国家畜禽遗传资源委员会审定，获畜禽新品种（配套系）证书。被毛黑色（肢、鼻和尾端有少许杂毛），头中等大小，额宽中等，面微凹，鼻梁直，耳中等大小、稍竖立前倾；体质紧凑结实，体格健壮；背腰平直，腹部下垂，胸宽深，腿臀丰满；四肢粗壮，肢蹄质结实；母猪乳头细长，排列匀称，有效乳头在14个以上；成年公猪平均体重263千克，成年母猪平均体重187千克。初产母猪平均产仔数11.1头；经产母猪平均产仔数13.3头、产活仔数12.9头、70日龄育成仔猪数11.8头，21日龄窝重48千克，育成仔猪数10.9头，哺育率96.6%。育肥猪在体重25～90千克阶段平均日增重696.6克，料重比3.34：1；体重90千克的屠宰率为74.6%，平均背膘厚29.21毫米，眼肌面积30.25厘米^2，胴体瘦肉率58.8%，系水力（压力法）90.38%，滴水损失（48小时）2.44%，肌内脂肪含量3.8%，大理石纹丰富，pH较高，肌肉纤维纤细，保水力强，肉色鲜红，纹理间脂肪分布丰富均匀，肉质柔韧、滑嫩多汁。肌肉中饱和脂肪酸和总不饱和脂肪酸含量分别为37.82%、62.18%。肌肉中总氨基酸含量、必需氨基酸含量、风味氨基酸含量分别为235.22毫克/克、90.94毫克/克、191.24毫克/克，必需氨基酸占总氨基酸比例、风味氨基酸占总氨基酸比例分别为38.66%和81.3%。据调查，在农村粗饲条件下，繁殖母猪产仔数达到13头以上，育肥猪日增重也能达到600克以上，表现出优良的适应性。

（7）WS501配套系。 WS501配套系是采用皮特兰和杜洛克杂交后代作父本，法系长白、大白和温系长白组合作母本的五元杂交配套系，2015年通过国家畜禽遗传资源委员会审定，新品种证书编号为（农01）新品种证字第26号。三系配套母本W352繁殖性能好，母猪头胎和经产总产仔数分别为12.86和13.10头，产活仔数分别为11.71和12.00头，初生窝重分别为14.59和15.96千克。五系配套生产的WS501肉猪校正100千克背膘厚11.0毫米，达100千克体重日龄147天，30～100千克日增重1004克，饲料转化率2.12，100千克体重胴体瘦肉率65.8%，变异系数小于10%。WS501配套系肉猪肌肉发达、生长快、饲料转化率高、瘦肉率高、肉质优良，适合大体重上市。

（8）吉神黑猪。 吉神黑猪以北京黑猪为父本、大约克夏猪为母本，历经19年12个世代选育而成，于2017年11月通过国家畜禽遗传资源委员会的审定，获得品种证书。目前在吉林的东部山区、黑龙江等地推广示范。吉神黑猪中躯较粗，全身被毛黑色，体型中等大小；头中等大,面平直，耳中等大小、直立或略前倾；肩胛结合良好，背腰平直，腹部紧凑不下垂，腿臀粗壮，后躯丰满，四肢强健有力；母猪乳头7对以上、排列匀称，外生殖器良好；公猪睾丸大而匀称，尿脐大小适中。吉神黑猪达100千克体重日龄182天，25～100千克平均日增重（618.3±35.3）克，料重比3.29：1。经产母猪总产仔数（10.79±1.56）头，产活仔数（10.20±1.25）头。活重100千克屠宰，屠宰率（73.14±3.09）%，臀腿比例（32.25±1.68）%，平均背膘厚（24.71±5.60）毫米，眼肌面积（38.73±3.09）厘米^2，胴体瘦肉率（58.90±3.13）%。同时，活重100千克屠宰，肉色评分（3.7±0.5）分，肌内脂肪含量（3.65±0.36）%，pH_{24}（5.65±0.08），滴水损失（2.28±0.20）%（图3-31和图3-32）。

图3-31　吉神黑公猪

图3-32　吉神黑母猪

（9）晋汾白猪。晋汾白猪2014年获得由国家畜禽遗传资源委员会颁发的畜禽新品种证书。自1993年以来，晋汾白猪的培育过程主要分为两大阶段。第一阶段：以马身猪和二花脸猪为母本，长白猪为父本，经过复杂杂交获得"长二马"优质杂交个体，随后经6个世代的选育，成功选育出遗传性稳定、繁殖性能高的山西白猪高产仔系。第二阶段：挑选优秀的山西白猪高产仔系个体为母本，以大白猪为父本进行正反交，产生的后代横交定型建立基础群，采用群体继代选育和分子辅助标记选择技术进行6个世代的选育。产活仔数12.63头，日增重837克，料重比2.86：1，瘦肉率59.8%，肌内脂肪含量2.73%（图3-33和图3-34）。

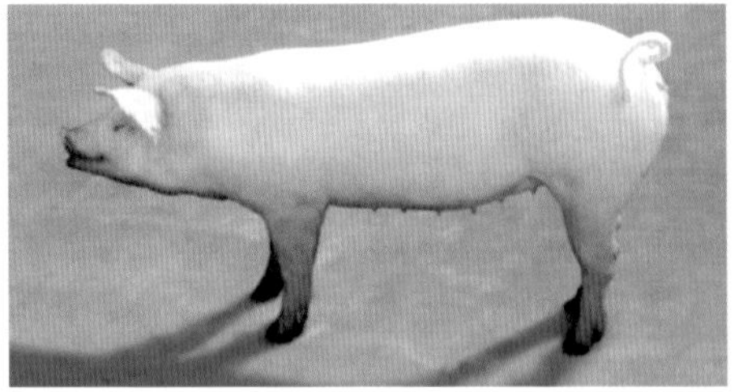

图 3-33　晋汾白公猪

图 3-34　晋汾白母猪

（10）宣和猪。以乌金猪为母本与长白猪杂交，经8个世代的闭锁选育而成,2018年获国家畜禽遗传资源委员会颁发新品种证书。宣和猪全身白毛，且稀密适中；头中等大，额部有浅皱褶或不完全八卦；耳中等大、稍向前伸；颈长短适中；体长而宽，背腰平直；身体强壮，后躯饱满；四肢结实，端正，腹圆卷缩。有效乳头6对以上，大小适中、排列均匀整齐。经7个世代选育的宣和猪纯白毛比例已达98.35%，猪群毛色、体型等外貌特征整齐一致。宣和猪初产、经产母猪平均产仔数10.79头和11.31头，育肥猪达100千克体重日龄174天左右，日增重760克以上、料重比2.92：1；100千克体重活体背膘厚19.53毫米，在体重达100千克左右时屠宰，宣和猪的屠宰率为76.72%，眼肌面积为38.33厘米^2，胴体瘦肉率60.29%、后腿比例30.32%；肌内脂肪含量3.53%，肉色鲜红，大理石纹评分为3.13分，肉味鲜嫩、品质优良；以其后腿为原料腌制的宣威火腿肌肉饱满、品质优良，成品率、瘦肉率、三签香味清香率分别为69.82%、60.72%、90.91%，品味评分（满分50分）为47.71分，明显优于其他品种及杂交组合腌制的火腿（图3-35和图3-36）。

图 3-35　宣和公猪

图 3-36 宣和母猪

（11）川藏黑猪配套系。川藏黑猪配套系由四川省畜牧科学研究院等历经12年以藏猪和梅山猪为育种素材育成的配套系，2014年获得国家畜禽资源委员会配套系证书，聚集了藏猪和梅山猪的优良遗传性能。该配套系种母猪产仔数12.5头，商品猪180天可达90千克,饲料效率3.14，胴体瘦肉率57.72%，肌内脂肪含量4.07%。

（12）天府肉猪配套系。天府肉猪配套系由四川铁骑力士牧业科技有限公司和四川农业大学等单位利用三大引进种猪品种（杜洛克、长白猪、约克夏）和梅山猪，经过近20年的持续选育培育而成的三元配套系，2014年获得国家畜禽资源委员配套系证书。父母代母本全身被毛白色，有少量花斑，四肢粗壮，性情温顺，繁殖力强。平均窝产仔数13.1头，21日龄断奶重6.5～7.5千克，育肥期饲料转化率2.4～2.6。育肥期平均日增重达850克以上，肌内脂肪含量为2.5%左右，瘦肉率为63%左右。

19　如何选择国外引进猪种？

（1）大约克夏猪。大约克夏猪又称大白猪，原产于英国，是世界上著名的瘦肉型猪种。其主要优点是生长快、饲料报酬高、产仔较多、胴体瘦肉率高。大约克夏猪体格较大，体型匀称，耳直立，嘴筒直，四肢较长，全身被毛白色。成年公猪体重250～300千克，成年母猪体重230～250千克。初产母猪平均产仔9～10头，经产母猪平均产仔10～12头。165日龄体重可达到100千克以上，胴体瘦肉率64%～65%（图3-37和图3-38）。作第一母本生产瘦肉型商品猪，最常用的杂交模式是：杜×（长×大）。也可用作父本，改良地方品种，进行二元或三元杂交生产商品猪。

图3-37　大约克夏公猪

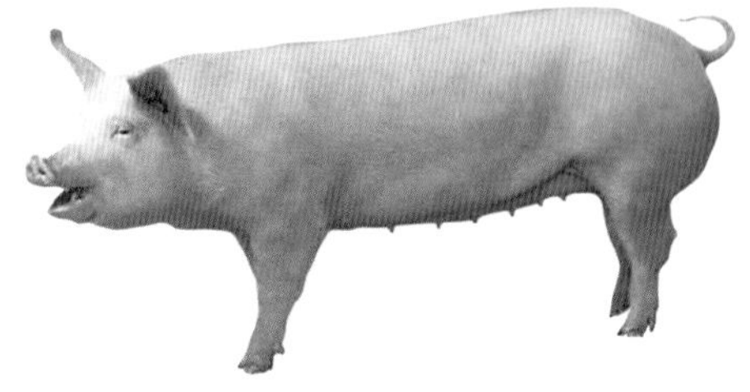
图3-38　大约克夏母猪

（2）长白猪。长白猪原产于丹麦，是世界上著名的瘦肉型猪种之一，其主要优点是生长快、饲料报酬高、产仔数多、胴体瘦肉率高；缺点是抗逆性差，对饲料营养要求较高。丹麦长白四肢相对较弱，加系长白则较强壮。头小、清秀，颜面平直，耳向前倾，大腿和整个后躯肌肉丰满，体躯前窄后宽呈流线型，较长，有16对肋骨，全身被毛白色。该猪性成熟较晚，公猪一般在6月龄性成熟,8月龄开始配种，初产母猪平均产仔8～10头，经产母猪平均产仔9～13头。168日龄体重可达到95千克以上，胴体瘦肉率65%（图3-39和图3-40）。作第一父本生产瘦肉型商品猪，最常用的杂交模式是：杜×（长×大）。也可用作父本，改良地方品种，进行二元或三元杂交生产商品猪，提高生长速度和瘦肉率。

图3-39　长白公猪

图3-40　长白母猪

（3）杜洛克猪。杜洛克猪原产于美国，是世界上著名的瘦肉型猪种之一。其主要优点是体质强壮、抗逆性强、生长快、饲料报酬高、胴体瘦肉率高、肉质好，其饲养条件比其他瘦肉型猪要求低。杜洛克猪体格较大，耳向前倾，耳尖稍下垂，头小、清秀，嘴筒短直，胸宽而深，后躯肌肉丰满，四肢粗壮结实，全身被毛金黄色或棕色，色泽深浅不一。该猪性成熟较晚，母猪一般在6～7月龄开始第一次发情，初产母猪平均产仔9头，经产母猪平均产仔10头左右。生长育肥6月龄体重可达到100千克以上，胴体瘦肉率65%，肉质好（图3-41和图3-42）。由于其母性较差，产仔数较少，一般只用作终端父本生产三元杂交猪，最常用的杂交模式是：杜×（长×大）。

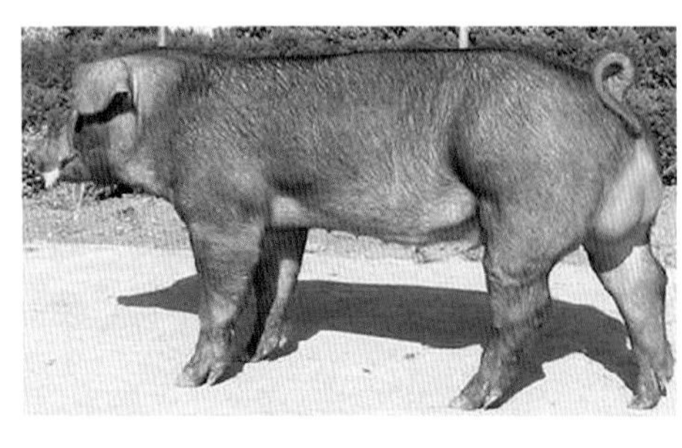

图3-41　杜洛克公猪

图3-42　杜洛克母猪

（4）皮特兰猪。皮特兰猪原产于比利时的布拉帮特地区。体躯呈方形，体宽而短，四肢短而骨骼细，肌肉特别发达。被毛灰白，夹有黑色斑块，还杂有部分红毛。耳中等大小向前倾。平均窝产仔数9.7头，背膘薄。90千克活体重胴体瘦肉率达66.9%，日增重700克，饲料转化率为2.65∶1。肌肉的肌纤维较粗，直径为52.5微米。胴体瘦肉率高，在杂交体系中是很好的终端父本（图3-43和图3-44）。皮特兰猪在90千克以后生长速度显著减慢，耗料多。皮特兰猪与杜洛克猪杂交生产终端父本，即能提高瘦肉率，又可以改善肉质。

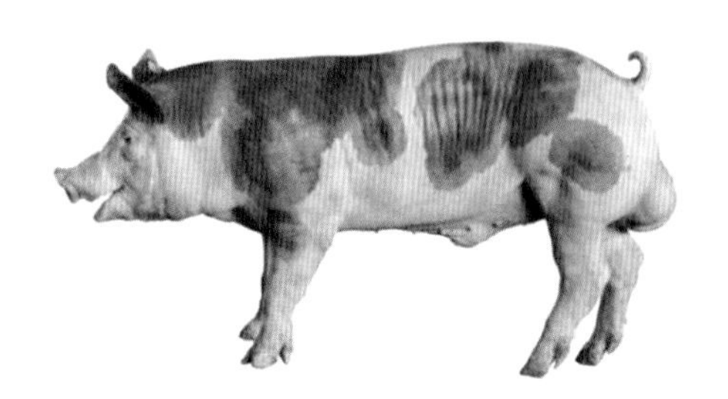

图3-43　皮特兰公猪

图3-44　皮特兰母猪

20 如何根据体型外貌进行引入品种的鉴定与评价？

根据体型外貌进行引入品种鉴定需注意如下几个方面。

（1）乳房和乳头。鉴定种母猪时要特别关注乳房和乳头情况，这关系到母猪哺育仔猪的能力。乳头数多就有哺育较多仔猪的潜力，还要注意乳头的位置和形状，排列要整齐均匀。乳头前后之间距离要合适，使仔猪吃奶时不会太挤；左右之间宽窄也要适度，太窄仔猪够不着奶头，太宽则母猪躺下时可能压着奶头，均不利于仔猪吃奶。乳头的粗细和长短都应适中，过于粗短的“木奶头”、没有乳管的“瞎奶头”、夹在两个乳头之间的“副乳头”或“鬼子乳头”等都是不良的。

（2）腿和臀部。腿和臀部是猪肉价值最高的部位，其中的瘦肉量在整个胴体中占首位，因此应选择腿和臀部宽而丰满的猪。

（3）四肢。四肢主要起支撑体躯和行走用。不论是公猪还是母猪，四肢的健壮尤其是后肢的发达很重要，因为配种过程中，其全身重量几乎全部集中在后肢上。

（4）外生殖器。作为种公猪，其外生殖器必须发育良好。睾丸应大而明显，两侧对称，阴囊附于体壁，单睾和隐睾都不应留作种用。母猪的阴户应发育得与年龄和体重相适应，发育过小是迟熟的表征，严重的甚至不育。阴户还应上翘，俗话说“生门向上者易孕”。

长白猪种猪、大约克夏种猪和杜洛克种猪主要鉴定标准见表3-1、表3-2、表3-3。

表3-1　长白猪种猪鉴定标准

部位	说　明	评分
一般外貌	大型，发育良好，舒展，全身大致呈梯形。头、颈轻，身体长，后躯很发达，体腰高，背线稍呈弓状，腹线大致平直，各部位匀称，身体紧凑。性情温顺有精神，性征表现明显，体质强健，符合标准。毛白色，毛质好有光泽，皮肤平滑无皱折，应无斑点	25
头、颈	头轻，脸要长些，鼻平直鼻端不狭，下巴正，面颊紧凑，目光温和有神，耳不太大，向前方倾斜盖住脸部，两耳间距不过狭。颈稍长，宽度略薄又很紧凑，与头和肩结合流畅	5
前躯	要轻、紧凑，肩的附着好，向前肢和中躯移转良好。胸要深、充实，前胸要宽	15
中躯	背腰长，向后躯移转良好，背大体平直强壮，背的宽度不狭，肋部开张，腹部深，丰满又紧凑，下部深而充实	20
后躯	臀部宽、长，尾根附着高，腿厚、宽，至飞节充实紧凑，整个后躯丰满。尾的长度、粗细适中	20
乳房、生殖器	乳房形质良好，正常的乳头有7对以上，排列良好。生殖器发育正常，形质良好	5
肢蹄	四肢稍长，站立端正，肢间要宽，飞节健壮。管部不太粗，很紧凑，系部要短有弹性，蹄质好，左右一致，步态轻盈准确	10
合计		100

表3-2　大约克夏种猪鉴定标准

部位	说　明	评分
一般外貌	大型，发育良好，有足够的体格，全身大致呈长方形。头、颈应轻，身体长、深和高，背线外观大体平直，腹线平直，各部位匀称，身体紧凑。性情温顺有精神，性征表现良好，体质强健，符合标准。毛白色，毛质好有光泽，皮肤平滑无皱折，应无斑点	25
头、颈	头轻，脸稍长些，鼻端宽，下巴正，面颊紧凑，目光温和有神，两眼间距宽，耳朵大小中等，稍向前方倾斜盖住脸部，两耳间距不过狭。颈稍长，宽度略薄又很紧凑，与头和肩结合流畅	5

（续）

部位	说　明	评分
前躯	要轻、紧凑，肩的附着好，向前肢和中躯移转良好。胸要深、充实，前胸要宽	15
中躯	背腰长，向后躯移转良好，背大体平直强壮，背的宽度不狭，肋部开张，腹部深，丰满又紧凑，下部深而充实	20
后躯	臀部宽、长，尾根附着高，腿厚、宽，至飞节充实紧凑，整个后躯丰满。尾的长度、粗细适中	20
乳房、生殖器	乳房形质良好，正常的乳头有7对以上，排列良好。生殖器发育正常，形质良好	5
肢蹄	四肢较长，站立端正，肢间距宽，飞节强健。管部不太粗，很紧凑，系部要短有弹性，蹄质好，左右一致，步态轻盈准确	10
合计		100

表 3-3　杜洛克种猪鉴定标准

部位	说　明	评分
一般外貌	近于大型，发育良好，全身大体呈半月状。头、颈轻，体腰高，后躯很发达，背线从头部到臀部呈弓状，腹线平直，各部位结合良好，身体紧凑。性情温顺有精神，性征表现良好，体质强健，符合标准。毛褐色，毛质好有光泽，皮肤平滑无皱折，应无斑点	25
头、颈	头轻，脸长度中等，面部微凹，鼻端不狭，下巴正，面颊要紧凑，目光温和有神，两眼间距宽，耳略小，向前方折弯，两耳间隔宽。颈稍短，宽度中等，很紧凑，向头和肩转移良好	5
前躯	不重，很紧凑，肩附着良好，向前肢和中躯移转良好。胸要深、充实，前胸宽	15
中躯	背腰长，向后躯移转良好，背大体平直强壮，背的宽度不狭，肋部开张，腹部深，丰满又紧凑，下部深而充实	20
后躯	臀部宽、长，应不倾斜，腿厚、宽，小腿很发达，紧凑，尾的长度、粗细适中	20
乳房、生殖器	乳房形质良好，正常的乳头有6对以上，排列良好。生殖器发育正常，形质良好	5
肢蹄	四肢略长，站立端正，肢间距宽，飞节强健。管部不太粗，很紧凑，系部要短有弹性，蹄质好，左右一致，步态轻而准确	10
合计		100

21 怎样进行猪的杂交利用？

（1）杂交的概念。不同品种（系）猪之间的交配称杂交。杂交可产生杂种优势，一般或增产10%～20%。杂种猪的生长势、饲料报酬和胴体品质约分别提高5%～10%、13%和2%，而杂交母猪的产仔数、哺育率和断奶窝重约分别提高8%～10%、25%和45%。因此，杂交是现代养猪业提高生产水平的有效途径。在养猪业发达的国家，杂种猪约占猪群的70%～90%。当然，并不是所有杂交都能获得杂种优势，杂种优势的表现是各种因素的综合结果，并不是单一因素所起的作用，因此，一般要通过杂交组合试验进行测定才能获知。猪的杂交方式主要有两品种杂交（图3-45）、三品种杂交（图3-46）、两品种轮回杂交、轮回终端杂交专门化品系杂交等，具体见表3-4。

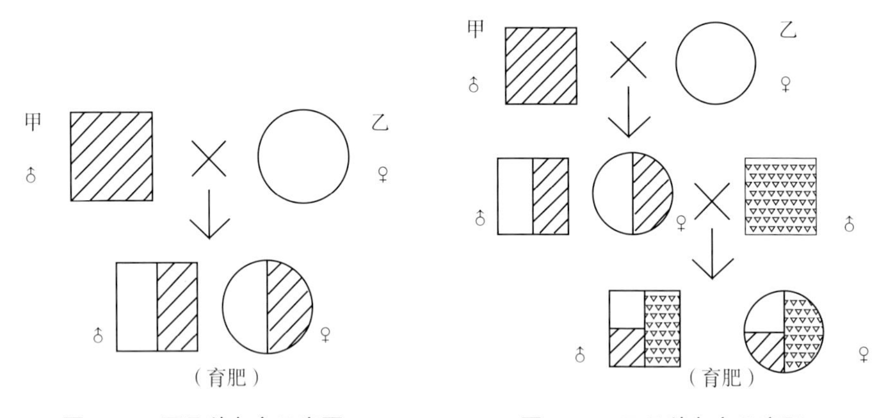

图3-45 两品种杂交示意图　　图3-46 三品种杂交示意图

表3-4 猪的杂交方式

两品种杂交（二元杂交）	二元杂交是利用两个品种（或品系）的公、母猪进行杂交，杂种一代全部作商品育肥猪。一般以地方品种或当地培育品种为母本，以引入的优育品种公猪作父本
三品种杂交（三元杂交）	三元杂交是指从两品种杂交所得到的杂种一代母猪中，选留优良的个体，再与另一品种的公猪进行杂交，所得后代全部作育肥用。这种杂交方式由于母猪是杂种一代，具有一定的杂种优势，再杂交，可望得到更高的杂种优势。三元杂交一般比二元杂交的育肥效果好 在华东地区，以本地品种作母本时，采用大约克夏或长白猪作第一父本，杜洛克作第二父本，往往能获得较满意的结果。但在用杜洛克猪作第二父本时，杂种仔猪在毛色上往往出现白、黄、棕色等分离现象，有的地区群众不喜欢，因此，亦可采用大约克夏猪和长白猪互作第一父本或第二父本

（续）

两品种轮回杂交	从品种杂交所得到的杂种母猪中，选留优良个体，逐代分别与其亲本品种的公猪进行杂交，叫两品种轮回杂交
轮回终端杂交	通过品种轮回杂交所得到的杂种母猪中，选留优良个体，与其他品种公猪（终端父本）进行杂交生产商品猪
专门化品系杂交	专门化品系是指具有1～2个突出的经济性状，其他性状保持一般水平的品系。父本专门化品系主要选择生长速度、饲料报酬和胴体品质等性状，母本专门化品系主要选择产仔数、泌乳力等繁殖性状。专门化品系间杂交所得到的杂种，增重的一致性好，肉的品质好，能取得稳定的杂种优势效应

（2）杂交繁育体系。商品猪的杂交繁育体系是将纯种选育、良种扩繁和商品肉猪生产有机结合形成一套完整的体系。在该体系中，将育种工作和杂交扩繁任务划分为相对独立而又密切配合的育种场和各级猪场来完成，使各个环节专门化，是现代化养猪业的系统工程。核心群、扩繁群和生产群分别由育种场（GGP）、纯种扩繁场（GP）和商品猪生产场（PS）饲养，父母代不应自繁，商品代不应留种，这样才能保证整个生产系统的稳产、高产和高效益（图3-47）。

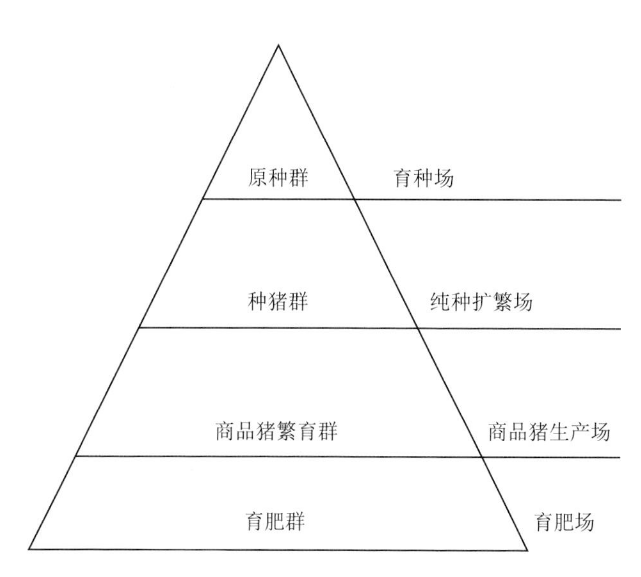

图3-47　商品生产杂交繁育体系
（宝塔式繁育体系）

22 选择种猪的技巧有哪些？

选种首先要根据市场需要确定养什么猪，即养种猪还是肉猪；养瘦肉型引入品种纯种猪还是纯种地方猪。其次要抓好猪的个体选择，种猪应健康无病，要特别注意体质是否结实，是否符合品种（或品系）的要求，注意与生产性能有密切关系的特征和行为，不要过分强调毛色、头型等细节。

种猪是规模养猪场的核心猪群，其品质好坏关系全场猪的生产水平，直接影响猪场经济效益。因此，种猪的选择关系重大，在品种选择确定后，就必须认真进行种猪选择。最客观可信的选择是通过性能测定，比较各性能的好坏，来决定留种或淘汰。

性能测定是指在相对集中的条件下对猪进行个体生产性能测定，其目的是在相对标准的、统一的和长期稳定的环境下，使被测定猪能充分发挥其遗传潜力，从而对其性能做出客观而公正的评价，为生产者选购种猪提出可靠可信的依据。性能测定主要有测定站测定和现场测定两种方式。大多数种猪场在条件许可的情况应建立自己的性能测定猪舍，对本场猪群进行性能测定。测定的性状主要有产仔数、达目标体重日龄和背腰厚。条件好的还进行饲料转化率和胴体品质的测定，观测其屠宰性能，包括屠宰率、胴体瘦肉率、平均背膘厚、眼肌面积、pH、肉色等。

23 怎样选购种猪和苗猪？

在养猪生产中，尤其是处于扩群饲养阶段时，常常出现养母猪见母就留、养肉猪见苗就要的现象，不能认真进行选购，结果事与愿违。种猪、苗猪选择成功与否，关系到猪群品质和生产性能的好坏，无论是专业户还是规模化养猪场，都必须认真对待。如果缺乏科学的饲养管理，尤其是选种经验，就可能会导致猪种混杂和退化，也可能导致疫病发生。尤其是一些恶性传染病的流行，会给生产造成无法弥补的损失。因此，选购种猪和苗猪必须注意以下几点。

（1）引种目的要明确。引种应根据生产或育种工作的需求，来确定引进品种、品系和类型。同一场内不宜养过多的品种，一般以2～3个为宜。一味地追求品种数量，而忽视品种改良和提纯复壮，见了新品种就盲目引进是错误的。

（2）引进的猪种必须适应当地的环境条件。猪的生产性能高低除与品种有关外，还同外界的环境温度、湿度及饲养管理有着密切的关系。只有在适宜的环境和科学的饲养管理条件下，才能使种猪的生产性能充分地发挥出来。

（3）了解系谱情况。对于种用苗猪，应在了解该场猪群的总体水平包括该品种或杂交组合的体质外貌、生长发育、产仔数、初生重、泌乳力、断奶重、育成率、疫病情况等的基础上，通过系谱检查，了解种猪的育成经过、遗传性能、繁殖性能和育肥性能等，这样既有利于选到优秀种猪的后代，又可以为以后的育种和生产提供参考。

（4）把好外形鉴定关。要对种猪的外形进行鉴定，纯种猪要符合特征，杂种猪要拥有优良种用体型体况。乳头数最好在7对以上，左右排列整齐并无异常乳头，且同窝仔猪无瞎乳头，外生殖器正常，公猪睾丸左右对称，无单睾、隐睾现象，同窝仔猪无脐疝现象并发育整齐。

（5）食欲要好。要从以上挑选出的猪群中选择食欲旺盛、不择食挑料、活泼好动、膘性良好的猪作为最终的选择。

（6）杂交猪作肉用仔猪。选择优良的杂交仔猪作为肉用仔猪，因为纯种地方猪生长速度太慢、饲料报酬和胴体瘦肉率太低，不能满足市场要求，因而经济效益及社会效益均差，不宜作育肥用。引进品种尽管生长速度快、饲料报酬和胴体瘦肉率高，但种猪成本高，不耐粗饲，对饲养管理条件要求较高，且肉质相对较差，因而经济效益和社会效益也不高。将两者进行杂交，所得杂交一代或杂交二代结合了双方的共同优点，符合现代市场需求，是发展肉猪生产的主攻方向。要选择日龄和体重相当的（60日龄体重在15千克以上）仔猪，年龄太小或体重太轻的猪对环境抵抗力差，难于养好。从外表形态观察，猪的架子要大，健康活泼，行动自如，要具有嘴巴长、脑门宽、腰条长、脊背双、背线弓、肋力张、四肢高、腿粗壮、尾根高、大腚垂的特征。嘴巴长、脑门宽，则体健，能吃会睡发育快；腰条长，则背膘薄，瘦肉多；背线弓，则体躯紧凑，行走时可见腹肋部的肌肉活动，吃饱后腹部开张，这种猪背膘薄者居多；肋开张、脊背双，则胸部深而宽，心、肺等胸腔器官发达，体质结实，消化能力好，饲料消耗少，且背膘薄，胴体瘦肉多；腿粗壮，则骨骼大，肌腱附着面积大，瘦肉率高；尾根高，大腚垂，标志后躯比前躯宽而高，说明腿臀发达，背膘薄，瘦肉多。另外，尾巴上卷，皮肤和被毛有光泽也是猪健康的象征。

（7）必须事先进行广泛的市场调查和分析。了解所确定要养的猪种的种源情况，并调查其所在猪场周边地区有无流行病尤其是一些恶性传染病的发生，其生产水平如何，价格情况怎样等。在认真分析筛选的基础上才能确定在哪个猪场购猪。进行猪的个体选择时应按上述要求，先进行群体选择，根据该场满足条件的猪群情况，决定购买多少头猪。

（8）把好运输关。运输过程容易使猪产生应激反应，所以应按运输条件、季节、距离的远近等采取防范措施，防止因应激而发生猝死的现象。夏季运输应尽量选择早晚天气凉爽时以及交通比较畅通时进行，并注意防暑、防雨；冬季则应选择白天气候较温暖时进行，要注意防风保暖。途中一般不宜饲喂，但要保证充足的饮水。运输的车辆要完好并经过彻底消毒，猪不要装得太挤，以免挤压致死。长途运输前要了解天气预报，途中要适时停歇，检查有无病伤猪只。大量运输最好有一备用车，以免出故障时耽误太久。

（9）新购进猪的饲养管理。对新购进的猪要精心饲养管理，尽量减少环境变化，尤其是饲料和饲喂方式的变化。特别要注意以下两点。

一是猪群运达当天不宜立即给猪吃饱，而是喂些轻泻的饲料，防止便秘的发生。

二是猪运到场后，不要立即混群，而是放在隔离区消毒过的猪舍内隔离饲养1～1.5个月，以便观察有无因运输应激而诱发的疾病，同时使猪逐渐适应场内环境使之产生免疫力。后备猪在此期间可进行细小病毒病、钩端螺旋体病、乙型脑炎等病的防疫注射，如果新购猪猪瘟防疫已超过5个月，也要再次进行疫苗注射。待隔离期满，确信猪群健康无病后，才能将其转入场内，进行混群。

24 猪人工授精如何进行？

（1）人工授精优点。使最优秀的公猪有更多的后代，防止通过交配传播的疾病（如母猪的各种病毒性流产性疾病），解决公猪、母猪体重悬殊造成的配种困难，让猪场间的种猪（精液）交流更方便，可以用相对较低的费用购买优秀公猪的精液、降低成本，能够定期检查精液质量。

（2）过程。精液稀释配制→采精→精液品质检查→精液稀释与分装→精液保存→发情鉴定→输精。

（3）用品与设备。

采集用品：采精室、假台猪、防护栏、壁橱、红外线灯、防滑垫。

采精用品：采精杯、采精袋、一次性过滤网、一次性手套、消毒纸巾、橡皮筋、恒温干燥箱、玻璃棒。

精液品质检查用品：显微镜、显微镜恒温板、载玻片、盖玻片、微量移液器、吸嘴、血球计数板、计数器、擦镜纸及纸巾。

精液稀释与分装用品：精液稀释粉、量筒、三角瓶、大烧杯、纯水或蒸馏水、电子天平、电子秤、恒温水浴锅、分装架、分装管、一次性注射器、热封口机、输精袋、恒温冰箱、75%乙醇。

输精用品：输精管、洗瓶、红霉素软膏、输精记录簿、标签纸及标记笔、恒温干燥消毒柜、纸巾、高锰酸钾、输精用工作服、临时保存和运输箱。

（4）采精室。

① 面积：总面积约10米^2，采精区面积为（2.5×2.5）米^2，采精区内不能放置除假台猪、防滑垫以外的其他物品。

② 地面：应为混凝土地面，地面应既有利于冲刷，又能防滑。

③ 假台猪：一般为木制台面，用角钢或钢管作支架，台面宽26厘米，长100厘米，高度一般为55厘米，若能调整更好（55～65厘米）。台面呈圆弧形（相当于圆的1/4），后端至后支架应有35厘米的距离，以方便公猪阴茎伸出和采精操作。假台猪的后10厘米左右做成略向后下方倾斜，以使公猪爬跨更舒适。假台猪应牢固地固定在地面上。

④ 防滑垫：假台猪后方地面应放一块60厘米×60厘米的防滑垫，以使公猪采精时站立更舒适，防止滑倒。

⑤ 防护栏：应用10～15厘米直径、高出地面75厘米的钢管作防护栏。防护距采精室前墙70～100厘米，钢管之间的净间距为28厘米。这样可形成一个公猪不能进入、但人可以自由进出的安全区。一旦公猪进攻人，采精员能及时躲避到安全区。在防护栏的一侧可安装一个宽65厘米的栅栏门，以便将公猪关在防护栏内。

⑥ **水龙头及水槽**：应安装在安全区内，安全区内还应放一些用于清扫地面、刷拭公猪体表的工具及冲刷地面的水管。

⑦ **壁橱**：与精液处理实验室相通，离地高约120厘米，宽50厘米，高65厘米，橱深30厘米左右。壁橱的两侧均应安装柜门或推拉玻璃门，壁橱上吊一个175瓦的红外线灯，距橱底约50厘米。壁橱的作用是方便采精室和实验室之间进行物品的传递，并对安装好的集精杯进行升温。

（5）公猪调教。

① **调教持续时间**：每次调教时间不超过20分钟；如果公猪不爬跨假台猪，就应将公猪赶回圈内，第二天再进行调教。

② 一般情况下，即使不对假台猪作任何处理，小公猪也会爬跨。但采用以下的方法可能会使小公猪的调教成效更快。a.用发情旺盛的母猪的尿液或分泌物涂在假台猪后部，公猪进入采精室后，让其先熟悉环境。公猪很快会去嗅闻、啃咬假台猪或在假台猪上蹭痒，然后就会爬跨假台猪。b.如果公猪比较胆小，可将发情旺盛的母猪分泌物或尿液涂在旧麻袋上，使公猪嗅闻，并逐步引导其靠近和爬跨假台猪。同时可轻轻敲击假台猪以引起公猪的注意。c.经过已调教成功的公猪爬跨的假台猪，待调教的小公猪嗅到其他公猪的气味时，也容易使其爬跨假台猪。d.用发情母猪的尿或分泌物，涂在假母猪上，同时播放事先录制的发情母猪的求偶叫声录音，也有利于激起公猪的性兴奋，从而使公猪爬跨假台猪。

③ **不易调教的公猪的调教**：先将一头发情旺盛的母猪赶至采精室，并在其背部驮上一条旧麻袋（麻袋不能有异味），然后将待调教的种公猪赶到采精室，当公猪爬跨发情母猪时，在公猪阴茎伸出之前，两人分别抓住其左右耳拉下，当公猪第二次爬跨发情母猪时，用同样的方法将其拉下。这时公猪的性欲已经达到高潮时，表现为呼吸急促、急躁、精神亢奋。工作人员立即从母猪身上提起麻袋，并遮挡公猪的视线，不使其看到发情母猪，迅速将发情母猪赶走。然后将麻袋驮在假台猪上，诱导公猪爬跨假台猪，一般都能调教成功；有时，有过1～2次本交经验的小公猪，由于有较强的交配欲，更易调教其爬跨假台猪；也可将待调教的公猪关在采精室安全区外，并使其观看调教好的公猪的采精，然后诱导其爬跨假台猪。最难调教的公猪可使其爬跨发情母猪进行采精一次。

④ **调教时的采精**：当公猪爬跨上假台猪后，采精人员应立即从公猪左后

部接近，并按摩其包皮，促其排出包皮液。当公猪阴茎伸出时，采精人员立即用右手握成空拳，使其阴茎进入空拳中，快速将阴茎的龟头锁定不让其转动，并将其牵出，开始采精。

⑤ **注意事项：**将待调教的公猪赶至采精室后，采精员必须始终在场。调教公猪要有耐心，不可打骂公猪；如果在调教中使公猪感到不适，这头公猪调教成功的希望就会很小。一旦采精获得成功，可以分别在第2～3天各采精1次，以利公猪巩固记忆。

（6）采精。

① **稀释液配制：**将稀释粉放入三角瓶中，量取稀释粉说明书上要求的蒸馏水，彻底溶解后，将稀释液放在33～35℃水浴锅中预温。同时打开显微镜的恒温台，使控制器设置温度调至37℃，并在载物台上放置两张洁净的载玻片和盖玻片，然后准备采精用品。

② **采精杯安装及其他采精用品准备：**在配制稀释液前，将洗净干燥的保温杯打开盖子，放在37℃的干燥箱中。取出，将两层集精袋装入保温杯内，并用洁净玻璃棒使其贴靠在保温杯壁上，袋口翻向保温杯外，上盖一层专用一次性过滤网，用橡皮筋固定，并使过滤网中部下陷3～4厘米，以避免公猪射精过快或精液过滤慢时，精液外溢。最后用一张纸巾盖在网上，再将保温杯盖盖上。取两张纸巾装入工作服口袋中；采精人员右手带双层无毒的聚乙烯塑料手套，或外层为聚乙烯手套，内层为无毒的乳胶手套（比塑料手套防滑），将集精杯放在壁橱内。

③ **公猪的准备：**采精员将待采精的猪赶至采精栏，可用1%的高锰酸钾溶液清洗其腹部和包皮，再用温水（夏天用自来水）清洗干净并擦干，避免水及药物残留对精子造成伤害。

④ **按摩公猪的包皮腔，排出尿液：**当公猪爬上假台猪时，采精人员蹲在公猪左侧，用右手尽可能地按摩公猪的包皮，使其排出包皮液，并诱导公猪爬跨假台猪。

⑤ **锁定公猪阴茎的龟头：**当公猪逐渐伸出阴茎（个别公猪而要按摩包皮，使其阴茎伸出），受精人员脱去外层手套，使公猪阴茎龟头伸入空拳（拳心向前上，小指侧向前下）；用中指、无名指和小指紧握伸出的公猪阴茎螺旋状龟头，顺其向前冲力将阴茎的"S"状弯曲拉直，握紧阴茎龟头防止其旋转，公猪即可安静下来并开始射精；如果公猪的阴茎不够坚挺，可让其龟头在空拳中

转动片刻，待其彻底勃起时，再锁定其龟头。小心地取下保温杯盖和盖在滤网上的纸巾。

⑥ **精液的分段收集**：将集精杯口向下，等待浓份精射出。最初射出的少量精液不含精子，而且含菌量大，所以不能接取，等公猪射出部分清亮的液体后，可用纸巾将清液吸附和将胶状物擦除。开始接取精液，应尽量使射精孔刚好露出，使精液直接射到滤网上。一些公猪射精时，先射出清亮的液体，之后是浓份精，然后逐渐变淡，直到变为完全清亮的液体，待射出胶状物后，射精结束。而一些公猪则分2～3个阶段将浓份精液射出，直到公猪射精完毕。射精过程历时5～7分钟；尽可能只收集含精多的精液，清亮的精液不收集。

⑦ 采精结束，公猪射精结束时，会射出一些胶状物，同时环顾左右。采精人员要注意观察公猪的头部动作。如果公猪阴茎软缩或有下假台猪动作，就应停止采精，使其阴茎缩回；不要过早中止采精，要让公猪射精过程完整，否则会造成公猪不适。

⑧ 将精液送至实验室，小心去掉过滤网及其网上的胶状物，注意不要使网面上胶状物掉进精液中。将集精袋口束在一起，放在保温杯口边缘处，盖上盖子。放入壁橱中，将公猪赶回猪舍。

⑨ **采精注意事项**：采精员应注意安全，平时要善待公猪，不要强行驱赶、恐吓；对初次训练采精的公猪，应在公猪爬上假台猪后，再从后方靠近，按照正确的采精方法采精，一旦采精成功，一般都能避免公猪的攻击行为；平时仍注意观察公猪的行为，并保持合适的位置关系，一旦公猪出现攻击行为，采精员应立刻逃至安全区；确保假台猪的牢固，假台猪的安装位置应能使公猪围着假台猪转。并保证假台猪上没有会对公猪产生伤害的地方如锋利的边角。

使公猪感到舒适；在锁定龟头时，最好食指和拇指不要用力，因为这样所有手指把握，可能会握住阴茎的体部，使公猪感到不适；手握龟头的力量应适当，不可过紧也不可放松，以有利于公猪射精和不使公猪龟头转动为度，不同的公猪对握力要求都不相同；即使收集最后射出的精液也应让公猪的射精过程完整，不能过早中止采精；夏天采精应在气温凉爽时进行，如果气温很高，应先给公猪冲凉，半小时后再采精。

采精时间：应在采食后2～3小时采精，饥饿状态时和刚喂饱时不能采精。应固定每次采精时间。采精频率：成年公猪每周2～3次，青年公猪（1岁左右）每周1～2次。最好固定每头公猪的采精频率。

（7）精液处理。

① 直观指标。容量：新鲜精液容量应在100～250毫升；过多，可能会混有尿液或副性腺有炎症；过少，说明采精方法不当或公猪生精能力降低。色泽：精液色泽应为乳白色或灰白色，红色说明有血液，绿色说明有脓液，清黄色说明有尿液；精液色泽越白越浓（可能偏黄）说明精子浓度越高。气味：精液应没有明显异味，有腥味说明有脓液，有臊味说明混有尿液。

② 精子活力：在37℃下呈直线前进运动的精子占总精子数的百分率。原精液的精了活力≥70%（GB/T 25172）。将精液轻轻摇动或用洁净的玻璃棒搅动，用微量移液器或玻璃棒取精液20微升，放于预温后载玻片中央，盖上盖玻片，在载物台上预温片刻，用推进器将载玻片推至物镜下，在100倍和400倍下进行观察。如果精子无凝集、出现大群运动波，无明显死亡精子，应为"很好"（5分）；如果精液出现大群波动，但有少量死亡精子，应为"好"（4分）；如果有成群运动，但有精子凝集现象，应为"一般"（3分）；有大片凝集或死亡，但有部分精子在正常运动，应为"差"（2分）；一般新鲜精液和保存精液应在3分以上方可用于输精。

③ 密度：正常精液的密度在1.5亿～3亿/毫升。浓份精液密度在3亿～6亿/毫升。

④ 畸形率：初配公猪在使用前及正常使用的种公猪应每季度进行一次畸形率测定，精子可用伊红、龙胆紫或纯蓝、红墨水等染色剂染色，并在显微镜400倍下观察，畸形率不应高于20%。

⑤ 精液的稀释：经过品质检查合格的精液应立即进行稀释，稀释时应将精液与稀释液放在同一个水浴锅中片刻等温后，将稀释液缓慢倒入精液中，并轻轻搅动或摇动。最好稀释时，精液仍放在原来的集精袋中。一般可根据需要和计算的稀释倍数和精液量加入适量的稀释液。最少稀释倍数为1：2，最大稀释倍数不超过1：9。

⑥ 精液的分装：将稀释后的精液放在台架上，分装管的玻璃管一端插入精液中，打开开关，用一支5毫升一次性注射器套上移液管的吸咀与另一端连接，拉动注射器活塞，使精液充满分装管，关闭分装管开关，取下注射器吸咀，将分装管端插入精液袋的灌装口，并将精液袋挂在固定的板面上，使其自然悬垂。打开开关，使精液进入精液袋内，待精液灌装到规定刻度时，将管插入另一悬挂的精液袋内，然后打开开关。取下灌装好的精液袋，放在热封口机

上封口。封口后的精液可暂放在一个泡沫塑料盒中，等全部灌装完后，将精液袋在泡沫塑料盒中停留片刻，再放入17℃恒温冰箱中保存。

⑦ 精液的保存：在冰箱中保存，每12小时或24小时将精液袋取出，上下翻转数次，使沉淀的精子与稀释液混合一下，有利于延长时间。

⑧ 精液的运输：袋装精液可放在泡沫塑料箱中运输，输精时，也应将精液放在泡沫塑料箱中运至待配母猪舍内。

（8）母猪发情鉴定。

① 发情生理特征：母猪发情周期平均21天，大多数经产母猪在仔猪断奶后一周内（3～7天）发情排卵，配种受胎；母猪发情持续期一般为2～4天，经产母猪发情持续期较短，而后备母猪发情持续时间较长。

② 各阶段特征。发情前期：母猪举动不安，外阴肿胀，并由淡红色变为红色，这种变化在后备母猪身上表现得较为明显；阴道有黏液分泌，其黏度渐渐增加。在此期间母猪不允许骑背，平均约为2.7天，不宜输精配种。发情期：平均约为2.5天，特征为母猪阴部肿胀及红色开始减退（暗红、泛紫），分泌物也变得浓厚，黏度增加。此时母猪允许压背不动，压背时，母猪双耳竖起向后，后肢紧绷、尾部竖起，背弓起，颤抖。发情后期：1～2天，发情母猪的阴部完全恢复正常，不允许公猪爬跨。

③ 发情鉴定：每日做两次试情（上午7：00～9：00，下午16：00～17：30），将试情公猪赶至待配母猪舍，让其与母猪头对头接触。判断母猪是否发情：在安静的环境下，有公猪在旁时工作人员按压母猪背部，以观察其是否有静立反应。没有公猪的猪场应以观察母猪的外阴肿胀、消退（皱而下垂）和黏液情况，以及压背的反应来判断发情状况。

④ 做好发情鉴定记录。

（9）输精。

① 输精时间：断奶后3～6天发情的经产母猪，发情出现静立反射后6～12小时进行第1次输精配种；断奶后7天以上发情经产母猪，发情出现静立反应，就进行配种（输精）；无试情公猪的情况下，发现有静立反应应立即第一次输精。

② 精液检查：袋装精液可先将其放在恒温载物台上，用一张载玻片（边缘磨光）压在黏液袋上，使这部分精液加热片刻，在100倍下观察活力，输精前精液的活力不应低于0.6。

③ 输精前再次进行发情鉴定：将试情公猪赶至待配母猪栏之前，使母猪在输精时与公猪口鼻接触；应对发情母猪的敏感部位进行刺激，一方面检查母猪的发情情况，另一方面可刺激母猪的宫缩，使输精更顺利。刺激部位为背部、肩部、后侧腹部、后乳房部、阴门。同时检查阴门及阴道黏膜的肿胀消退状况，黏液是否变得黏稠，红肿是否消退为暗红（略带紫红）。

④ 外阴消毒：输精前清洁双手或带上一次性手套，用消毒纸巾充分将外阴及阴门裂的污物擦净，擦干。

⑤ 在输精管前端涂上润滑剂，从密封袋中取出没有受任何污染的一次性输精管，可在其前端上涂上精液作润滑剂。

⑥ 将输精管插入母猪的生殖道内，站在母猪的左侧，面向后，双手分开母猪外阴部，左手将外阴向后下方拉，使外阴口保持张开状态，将输精管45°向上插入母猪生殖道内，当感到有阻力时，缓慢用力将输精管向前送入4厘米左右，直到感觉输精管前端被锁定。

⑦ 输精：从贮存箱中取出精液，确认公猪品种、耳号；缓慢颠倒摇匀精液，掰开精液袋封口将塑料管暴露出来，接到输精管上，将精液袋后端提起，开始进行输精（也可将精液袋先套在输精管上后再将输精管插入母猪生殖道内）；在输精过程中，应不断抚摸母猪的乳房或外阴、压背、抚摸母猪的腹侧以刺激母猪，使其子宫收缩产生负压，将精液吸纳。输精时除非输精开始时精液不下，勿将精液挤入母猪的生殖道内，以防精液倒流；如果在专用的输精栏内进行输精，可隔栏放一头公猪，这样输精会更容易些；如果输精场地宽敞，输精员可站在母猪的左侧，面向后，左臂挎在母猪的后躯，将重力压在母猪的后背部，并用手抚摸母猪侧腹及乳房，右手将精液袋提起，这样输精更接近本交，精液进入母猪生殖道的速度更快些。

⑧ 防止精液倒流：用控制精液袋高低的方法来调节精液流出的速度，输精时间一般在3～7分钟，输完后，可把输精管后端一小段折起，用精液袋上的圆孔固定，使输精器滞留在生殖道内3～5分钟，让输精管慢慢滑落；或较快地将输精管向下抽出，以促进子宫颈口收缩，防止精液倒流。

⑨ 从17℃冰箱中取出的精液，无须升温至37℃，摇匀后可直接输精，但检查精子活力需将载玻片升温至37℃。

⑩ 每头母猪每次输精都应使用一根新的输精管。

⑪ 输精时间的问题处理：如果在插入输精管时，母猪排尿，就应将这支

输精管丢弃；如果在输精时，精液倒流，应将精液袋放低，使生殖道内的精液流回精液袋中，再略微提高精液袋，使精液缓慢流入生殖道，同时注意压迫母猪的背部或对母猪的铡腹部及乳房进行按摩，以促进子宫收缩。

⑫ **输精次数及间隔时间**：每头母猪在一个发情期内要求至少输精2次，最好3次，两次输精时间间隔8～12小时。

⑬ 认真登记母猪生产卡、配种记录。

第四章 饲料与营养

25 为什么规模化养猪场要采用分类群、分阶段的全进全出多点式养猪生产方式?

不同性别、不同年龄阶段猪的生长速度、适应力、抗病力和生产目的不同，生产周期的长度不同，养殖环境、饲养方式和管理措施也随之存在差异，因此规模化养猪场内首先按照生产目的对猪群进行类群划分，一般分为种公猪、种母猪和商品猪（或肉猪）三个类群，在同一类群内部根据不同发育阶段进行分阶段饲养（图4-1）。

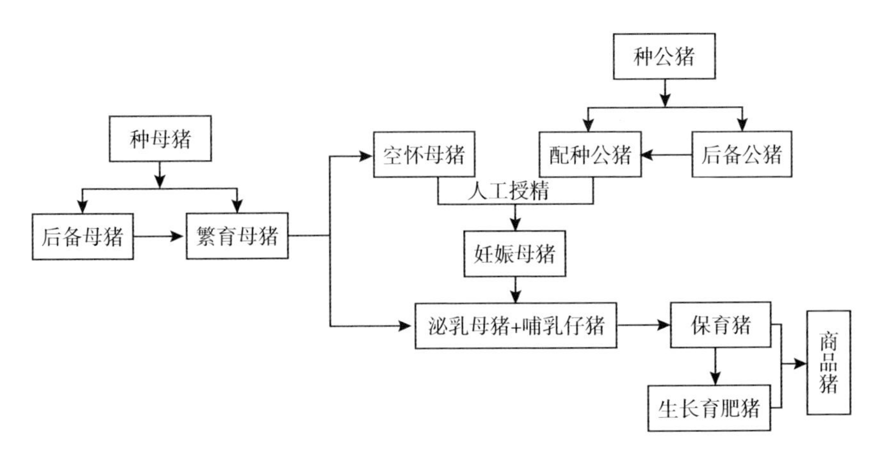

图 4-1 规模化自繁自养商品猪场的类群和阶段划分

种公猪包括后备公猪和配种公猪两个群体。后备公猪分为哺乳、保育和培育三个阶段。种母猪可分为后备母猪和繁育母猪（或经产母猪）两个群体。后备母猪分为哺乳、保育和培育三个阶段。繁育母猪根据其不同的生理阶段可以区分为：空怀母猪、妊娠母猪和泌乳母猪。商品猪（或肉猪）是断奶后用于生产猪肉等产品的猪，包括了断奶至25千克的保育猪、25～50千克生长猪和50千克至上市的育肥猪。

根据猪的分群，大型规模化养猪场可设计多点式的猪场布局，例如将公猪舍、母猪舍（妊娠舍+产房）、商品猪舍（保育舍+生长育肥舍）分别建在不同地方的三点式布局，相互之间独立运行，并合理安排生产进度，使同一舍内猪群实现全进全出。全进全出多点式生产，可根据不同类群和不同生长发育阶段猪的生产目的和营养需求，设计满足其健康生产要求的饲料配方并配制饲料，有利于提高猪群的健康和生长水平；既可统一防疫制度，又能对猪群进行隔离饲养、减少疾病在不同猪群间传播的可能性。尤其猪场内发生传染病时，降低了全场都被感染的风险，当某一点被感染时，比较容易对该点进行清场、消毒和复养，而不影响其他点的生产。

26 为什么要重视种公猪饲粮的氨基酸水平？

种公猪包括后备公猪和配种公猪两个群体。后备公猪哺乳和断奶后的保育阶段，一般与其他仔猪一起饲养，选做种用后至性成熟和体成熟的培育阶段，需要单独饲养。

培育公猪的首要目标是生殖系统发育良好，能生产优质足量的精子，但生长性能指标也是非常重要的。依据《种猪生产性能测定规程》（NY/T 822-2004）、《长白猪种猪》（GB 22283-2008）、《大约克夏猪种猪》（GB 22284-2008）和《杜洛克猪种猪》（GB 22285-2008），对种公猪进行生长性能测定。与阉公猪和生长育肥母猪相比，培育公猪的蛋白沉积率高，体重<100千克时体增重的蛋白沉积率约为18%，100～120千克时为17%，>120千克时为16%，脂肪沉积量相对较低，因此相对于能量消耗，培育公猪对于日粮氨基酸组成和水平的要求更高。这个阶段如果蛋白质和氨基酸水平偏低，不仅延长达到目标体重的饲养时间，而且会增加脂肪的累积，改变体成分。如图4-2所示，当日粮蛋白质水平由16.7%下调至13.7%，赖氨酸水平由1.03%下调至0.81%时，不同体重公猪体蛋白质和脂肪日沉积量的比值显著下降，日粮中蛋白质和氨基酸水平的下降显著促进了公猪体内脂肪的沉积。公猪体内适度的脂肪含量有利于自身能量供应和疾病抵抗力的维持，但体脂含量过高不利于繁殖性能的发挥。培育公猪在生长性能测定阶段实行自由采食，结测后进行限制饲喂，直至达到种用要求（8月龄左右，体重130～140千克）。

配种公猪，保障精液量和精子质量是饲料养分供应和饲养管理的首要目标，尽管NRC（2012）沿用了NRC（1998）0.6%（14.25克/天，估算采食量2.5千克/天，其中包括5%的饲料浪费）的饲粮赖氨酸需要量，但是已有研究表明饲粮中赖氨酸含量>0.6%对公猪更有利。已有报道饲喂1.03%赖氨酸日粮公猪的精液质量优于饲喂0.86%赖氨酸日粮公猪，因此提出配种期公猪赖氨酸需要量为0.92%（0.76%可消化赖氨酸）。

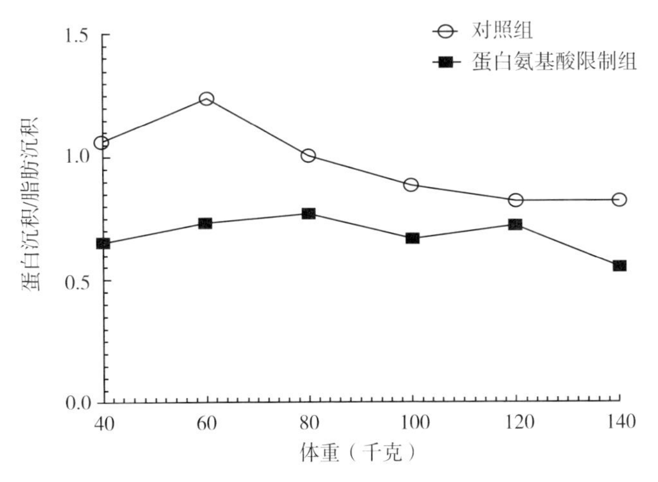

图 4-2　蛋白质和氨基酸水平对公猪体蛋白和脂肪日沉积比率的影响

（数据来源于 Ruiz-Ascacibar 等，2017）

27 为什么要重视后备母猪的能量供应?

在青年母猪发育时期，饲喂含有全价蛋白质和氨基酸平衡的饲粮是非常重要的。后备母猪从开始选留到配种，应当适度限饲。

后备母猪培育阶段的营养水平影响其机体发育及繁殖性能，过肥（背膘>23毫米）或过瘦（背膘<15毫米）均降低其繁殖力和繁殖年限。后备母猪的生长速度不宜过快，因此，培育阶段后备母猪的饲养强度必须低于同年龄的生长育肥猪，适度限饲（自由采食量的75%）可降低后备母猪饲喂率，窝产仔数稳定

且仔猪初生重提高。但同时适量提高饲料能量水平可提高后备母猪的能量利用率和体脂含量（表4-1），有利于促进激素分泌，及促卵泡激素（FSH）和促黄体生成素（LH）的释放，从而有利于初情期的启动。后备母猪背膘最佳范围为18～20毫米，过瘦（背膘<15毫米）则性成熟和第一次发情都将延迟，同时窝产仔数也可能由于激素水平不稳定而降低。性成熟后的能量供应对后备母猪的排卵率至关重要，受精前两周左右增加后备母猪的能量摄入量（"催情补饲"），可通过提高胰岛素和IGF-I水平，促进LH释放，从而促进卵泡的生长和排卵数的增加。

表4-1　后备母猪的代谢能（ME）建议供应量（AFBN，2008）

体重（千克）	体增重（克/天）	ME（兆焦/天）
[30，60)	650	21
[60，90)	700	28
[90，120)	700	33
[120，150)	700	37

后备母猪在第一次配种时应年龄适当，体型、体况和初情期发育充分。建议参考以下标准：年龄220～240天，体重130～140千克，P2背膘厚（沿背中线距最后肋骨6厘米）18～20毫米（图4-3），第2或第3发情期开始配种。

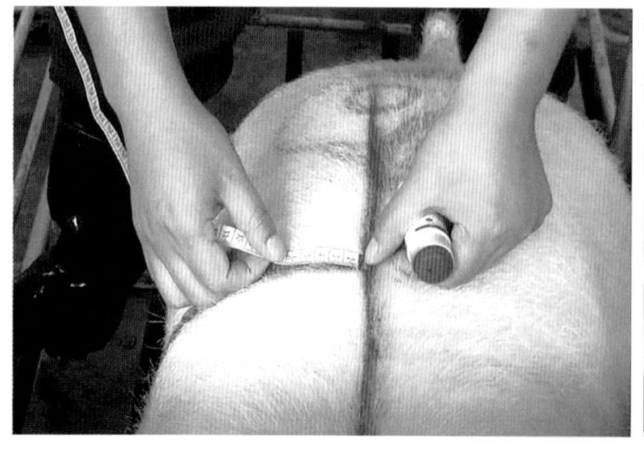

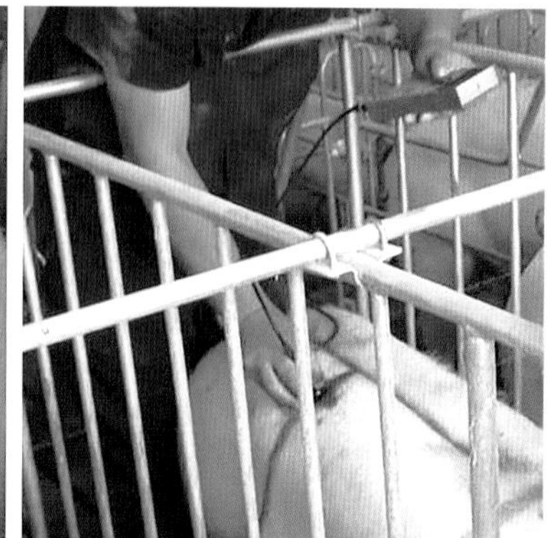

图4-3　母猪P2点定位与背膘测定

28 为什么妊娠母猪要根据体况确定营养需要量?

妊娠期母猪营养对哺乳期母猪泌乳性能、哺乳期和断奶后仔猪生长性能，以及母猪连续生产能力均具有重大影响。强调母猪妊娠期营养的目的是调整母猪体况、减少胚胎损失和提高初生仔猪的健康状况。生产上可根据P2点背膘对母猪膘情和体况进行评分，母猪膘情评分一般控制在2.5 ～ 3.5，最适膘情评分为3.0 ～ 3.25（图4–4）。

根据胚胎发育的特点，母猪妊娠期可分为前期、中期和后期三个饲养阶段。妊娠前期（配种至妊娠28天）是胚胎分裂、分化和着床的关键时期，但胚胎的生长速率不高（28日龄胚胎重约2克），营养需要量较低。母猪的内分泌处于调整阶段，摄入过高的能量会提高肾上腺素水平、降低黄体酮水平，高水平黄体酮是妊娠前期胚胎着床和胚胎存活的保障。因此母猪妊娠早期限饲有利于胚胎存活。妊娠中期（妊娠29 ～ 84天）是母体适度增重和营养物质储备时期，因而是调整膘情的重要时期（从2分左右调整至3 ～ 3.25分，图4–4），同时也是胎儿肌纤维（肌细胞数量）形成的关键时期，这一阶段母猪的营养水平对出生后仔猪生产水平的发挥很重要，肌纤维数量是决定

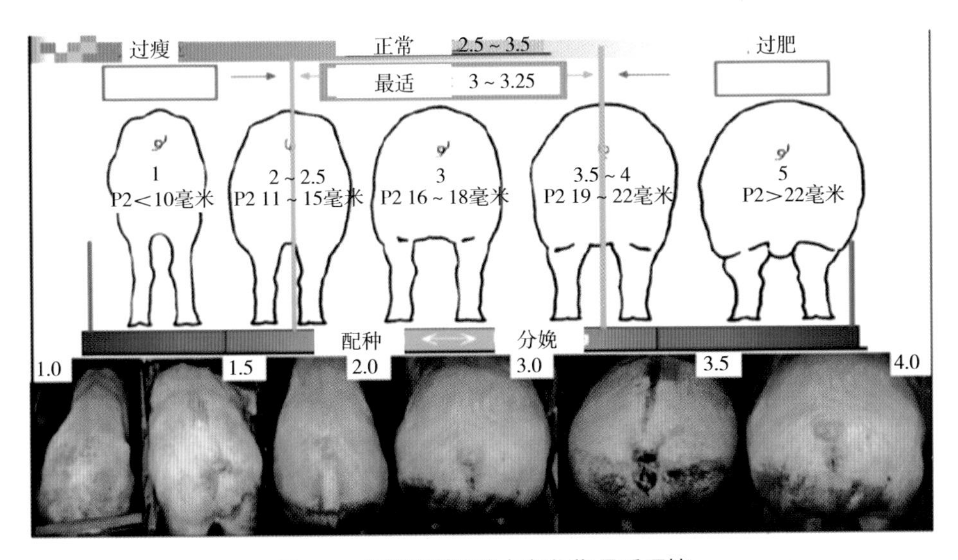

图 4–4　母猪膘情评分与妊娠期最适膘情

仔猪出生后生长速度和饲料转化效率的重要因素。妊娠后期（妊娠85天至分娩）是胎儿和母猪乳腺快速生长发育的时期，也是母体营养物质储备的关键时期。此阶段如果养分摄入量不足，母体就会动员自身的营养物质储备满足胎儿和乳腺发育的需要，不仅会影响哺乳期母猪的泌乳性能，也会影响下一周期的繁殖性能。

自身的生长是1～4胎次母猪妊娠期增重的重要内容。对于4胎次以后的母猪，哺乳期失重是妊娠期母体增重的决定因素（表4-2）。因此，标准化的体况评分或背膘厚度测量有助于估测母猪的营养状况和营养需要量。

表4-2　妊娠母猪的ME建议供应量（丁宏标等，2009）

胎次	1	2		3		4	
哺乳期失重（千克）	0	10	20	10	20	10	20
配种体重（千克）	140	185	185	225	225	255	255
预测窝产仔数（头）	12	13	13	13	13	13	13
体增重（千克）	70	75	85	65	75	35	45
母体增重（千克）	45	50	60	40	50	10	20
代谢能（兆焦/天）							
妊娠前期	29	34	36	35	37	33	34
妊娠后期	37	42	44	43	45	39	41

如果按照每千克饲料提供的营养物质来计算，建议妊娠期饲粮消化能水平13.0兆焦/千克，粗蛋白水平13%（赖氨酸水平0.55%～0.60%），粗纤维水平6%～8%，并结合饲喂量调控母猪妊娠不同时期的养分摄入量。国家生猪产业技术体系工作总结指出，日粮蛋白水平为12.95%时，推荐初产母猪日粮氨基酸水平为0.74%，日粮适宜苏氨酸与赖氨酸比为0.79；经产母猪日粮适宜赖氨酸水平为0.65%，日粮适宜苏氨酸与赖氨酸比为0.75。

饲喂量调整模式主要有低中高和高低高两种。低中高模式，例如，妊娠前期，饲喂量2.0千克/天，以保障受精卵着床和胚胎存活；妊娠中期，饲喂量2.3～2.5千克/天，以满足母体维持、胚胎生长发育和胎盘增长的需要；妊娠后期，饲喂量2.5～3.5千克/天，以保障胚胎和乳腺的高速发育。高低高模式，例如，配种后3天采取严格低水平限饲，之后的妊娠早期饲喂量略高于妊娠中期（2.55千克），妊娠后期再适度提高饲喂量。以哺乳期体重损失8%（或背膘损失2～5毫米）为例，配种前3天1.8～2.0千克/天，早期2.65千克/天，中期2.55千克/天，后期3.05千克/天。

29 为什么泌乳母猪的营养需要量更大？

母猪哺乳期的能量和蛋白需要量是妊娠期的4倍，哺乳母猪每天需要能量的75%、蛋白的87.5%用于泌乳，当饲料营养摄入不能满足泌乳需要时，就会动员机体储存的脂肪和蛋白来满足产奶的需要，导致母猪掉膘和体重下降。因此，哺乳期母猪的营养目标是提高母猪的泌乳力，同时降低母猪的体重损失。泌乳力（泌乳量、乳成分和质量的综合评价）的改善可提高仔猪的断奶重和存活率，降低母猪体重损失可缩短断奶后的发情间隔、提高发情率。哺乳期母猪过度动员体脂和体蛋白都可能导致不孕，泌乳期的体重损失在10～20千克是一个正常的范围。因此在制定泌乳母猪的营养方案和日粮配方时，既要考虑母猪泌乳期生理代谢需要和泌乳需要，又要考虑仔猪的生长特点和营养需要。

同时一些功能性添加剂的选用，也有助于提高母猪的泌乳性能。功能性氨基酸（精氨酸和缬氨酸研究较多）、大豆异黄酮等非营养性添加剂可提高母猪泌乳量，不饱和脂肪酸（如亚油酸）可调节乳成分。分娩后母猪的采食量和泌乳量逐步提高，同时仔猪的生长速度也随着泌乳期的延长而不断提高，泌乳7～10天后，母猪的泌乳量已不能满足仔猪的最大生长需要，因此仔猪出生10天以后，应用液态和固态的母乳补充料（也称开口料或教槽料），这有助于提高仔猪断奶重和降低母猪哺乳期体重损失。另外，母乳中含铁量很少，仔猪从母乳中最多可获得1毫克/天，但其生长约需要7毫克/天，而新生仔猪体内的铁贮存约40～50毫克，因此如不给仔猪及时补铁，一周左右仔猪就会出现贫血症状。一般在仔猪出生3天左右通过口服或肌内注射两种方式给仔猪补铁，其中以颈部或腿部肌内注射补铁的剂量更为准确（每头仔猪200毫克），在生产中更为常用（图4-5）。

图 4-5　哺乳仔猪口服或肌内注射补铁

30 为什么提高断奶仔猪存活率是提高商品猪群存活率的关键?

商品猪群是断奶后用于生产猪肉等产品的猪，包括了断奶至25千克的保育猪、25～50千克的生长猪和50千克至上市的育肥猪。

断奶至25千克保育猪的存活率是保障肉猪生产效益的关键。一方面，仔猪断奶时面对多重应激，与母猪分离和混群带来的心理应激，由产房转入保育舍带来的环境应激，以及由液态母乳转变为固体饲料的饲料应激，这些都易引起最初1～3天的打斗和采食量下降；另一方面，断奶仔猪的肠道组织、免疫系统和肠道菌群仍处于发育阶段。采食量下降引起肠道绒毛萎缩和养分吸收能力的降低，增加了肠腔内未消化养分的量和未吸收电解质的量，增加了水分在肠腔中的潴留；采食量下降的同时也降低了肠道屏障功能和完整性，对于病原菌感染的抵抗力下降，腹泻等疾病的发生率和死亡率提高（图4-6）。体重<25千克断奶仔猪的死亡率约为15%，占商品猪养殖全程死亡率的60%以上，因此通过饲料营养调控、改善养殖环境、减少管理应激等综合措施，

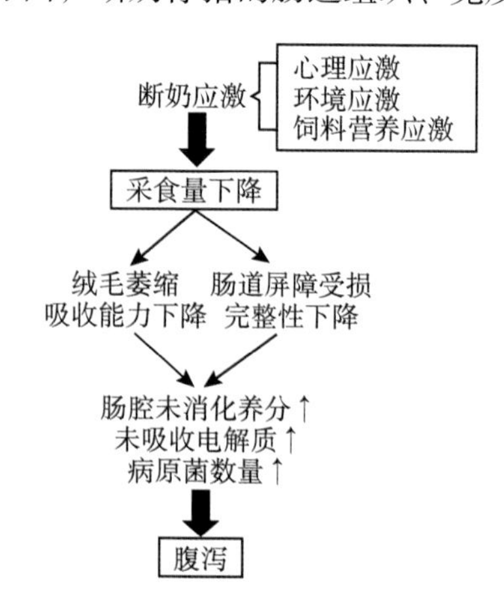

图 4-6　断奶应激对仔猪健康的影响
（参考 Jayaraman 等，2017）

提高断奶仔猪存活率是提高商品猪群存活率的关键。

 为什么饲料禁抗和减抗养殖是生猪养殖的必然选择?

抗生素是能杀灭或抑制病原微生物的化学物质，自20世纪20年代发现以来，为人类和动物病原微生物感染引起疾病的预防和治疗做出了巨大贡献。但是每一种抗生素的发现和临床应用均伴随着细菌耐药性的产生，使抗生素的治疗效果明显下降。同时，80年代之后发现新抗生素的速度越来越慢，迫使人类思考抗生素的适度使用问题。

自1946年美国威斯康星大学Moore P R等发现饲料中添加少量链霉素可显著提高肉雏鸡的生长后，欧美逐渐批准在动物饲料中使用抗生素作为促生长添加剂。1976年美国微生物学家Levy S B率先报道了饲料中添加四环素使得耐药菌快速成为鸡肠道的优势菌，半年后农场主及其家人的粪便中检测到四环素耐受大肠杆菌，鸡饲料停止添加四环素半年后，人粪便中四环素耐受大肠杆菌的检出率显著下降。这一研究首次阐明了饲料中的促生长抗生素对人肠道细菌耐药性的促进作用，推动了全社会对畜牧养殖生产中抗生素使用安全性的高度关注。

预防与治疗猪的细菌性疾病主要依赖抗生素，目前我国监测的重要动物源致病菌大多存在严重的耐药问题。Zhu等（2013）利用宏基因组学研究了北京、嘉兴、莆田三地3个万头猪场猪粪便细菌的耐药情况，检测到149种抗生素耐药基因，耐受抗生素的种类包括了氨基糖苷类、β-内酰胺、四环素、万古霉素，并且随着猪粪用于土壤施肥，土壤的耐药基因水平也随之上升。加之人类60%以上的病原菌（尤其是食源性病原菌）来源于动物，使人类的抗感染治疗重新成为一个棘手的问题（图4-7）。

欧盟于2006年率先全面禁用抗生素促生长饲料添加剂，并对治疗用抗生素实行处方管理，同时禁止人类重要抗生素用于兽医临床。以丹麦为例，1998年开始禁止红霉素（大环内脂类）的促生长使用，猪源肠球菌和空肠弯曲杆菌的红霉素耐药率随之显著下降；2010年开始禁止头孢菌素用于兽医临床，随即观察到携带超广谱β-内酰胺酶基因的大肠杆菌数量显著下降。我国于1999年批准氟苯尼考用于治疗牛、猪、鸡和鱼类的细菌感染，动物源大肠杆菌对氟苯尼考的敏感性逐年下降；2009年后大肠杆菌对氟苯尼考的耐药率超过50%，致使氟苯尼考的治疗效果下降而治疗用量不断提高。近年来我国规范动物用抗生素使用的各项法律法规迅速出台，严格禁止人类重要抗生素用于兽医临床，并于2020年7月起全面禁用抗生素促生长添加剂。

图4-7　耐药菌从农场至餐桌的人类健康风险

为保障人类健康，全面禁用抗生素促生长添加剂已成为全球畜禽养殖业的必然选择。通过改善养殖环境、提高动物福利，提高动物的抗病力、减少发病率，通过研发和应用有效的抗生素替代产品和技术，通过研发疾病早期诊断智能技术与装备、实现精准治疗，从而减少养殖全程的疾病预防和治疗的抗生素使用，实现减抗养殖和无抗养殖是健康养殖的发展目标。

32 为什么饲料禁抗后保育猪要选择平衡氨基酸低蛋白日粮?

饲料抗生素对猪的促生长作用，部分是通过调控其肠道微生物菌群结构和功能实现的。猪的肠道菌群不是一成不变的群体，受遗传、环境、个体生理健康状况等多重因素的影响。尽管迄今肠道菌群影响猪健康的机制尚不完全明了，已有大量研究表明猪肠道菌群在其胆汁酸循环、不消化和未消化碳水化合物降解及短链脂肪酸产生、养分重利用等方面均担负了重要角色。同时猪肠道内稳定而多样的肠道菌群可通过与病原菌竞争肠黏膜结合位点和养分、改造局部肠道环境等方式减少病原菌的定植，从而提高猪的抗病力。抗生素对肠道菌群结构和功能的影响与选用抗生素的抗菌谱、给药途径和耐药程度高度相关，例如饲料中亚治疗剂量的泰乐菌素会导致肠道菌群在不同分类层面（属水平和OUT水平）的重大变化，而金霉素只引起轻微改变，肠道细菌对四环素类抗生素的高耐药率可能是导致这一差异的重要原因。综合现有研究抗生素可从四个方面影响猪的健康：第一，提高猪的病原微生物易感性；第二，削弱猪的免疫力；第三，干扰猪的养分代谢；第四，增加猪肠道细菌的耐药性（图4-8）。

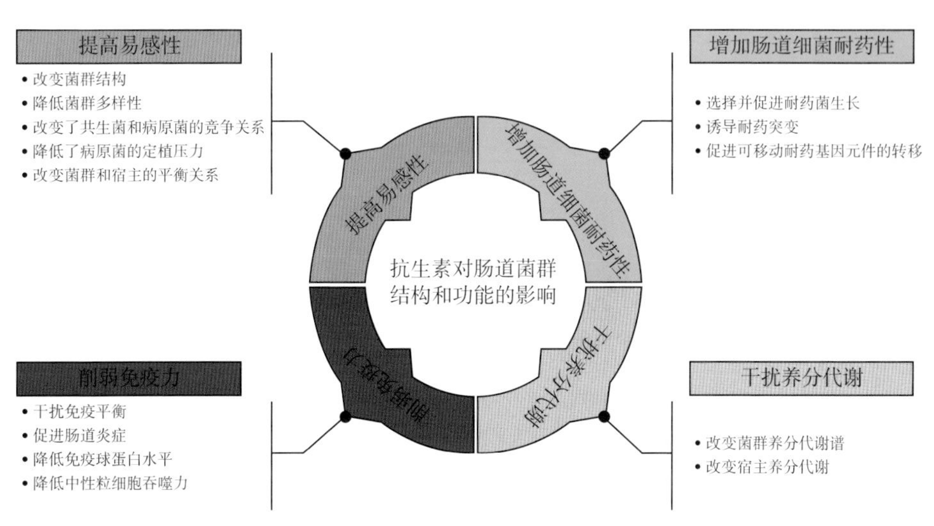

图4-8　抗生素通过改变肠道菌群结构和功能影响猪的健康
（参考 Zeineldin et al.，2019，Frontiers in Microbiology）

饲料抗生素对猪肠道菌群结构和功能的调节，和由此引起的生长变化受饲料养分组成和水平的影响。饲料碳水化合物的微生物代谢终产物主要是乙酸、丙酸、丁酸等短链脂肪酸，可提供猪高达30%的能量需求。许多肠道细菌能分泌高活力的二肽基肽酶和二肽酶，将猪消化饲料蛋白产生的多肽进一步降解为氨基酸供细菌合成菌体蛋白。多余的氨基酸可被肠道细菌进一步降解，终产物包括氨和硫化氢等气体、短链和支链脂肪酸、酚类和吲哚类化合物、胺类物质等。氨可被肠道细菌利用合成菌体蛋白，支链脂肪酸可为肠道细菌提供能量，但是其他氨基酸微生物代谢终产物（如硫化氢、胺类和吲哚类物质）可能引起肠道炎症，不利于猪的健康和生长。这可能解释了为什么迄今多数研究均表明，猪在采食高蛋白日粮（如断奶仔猪的20%蛋白水平日粮）时，亚治疗剂量抗生素的促生长作用明显优于低蛋白日粮（如14%蛋白平衡氨基酸日粮），这可能和抗生素有助于抑制氨基酸降解菌的生长，减少硫化氢、胺类和吲哚类物质的产生，促进肠道健康有关。

因此，饲料禁抗后对于断奶后的保育猪，选用14%～16%的平衡氨基酸低蛋白日粮，可有效降低饲料蛋白和氨基酸的肠道细菌降解量，有效降低导致肠道炎症的氨基酸降解产物的产生量，有利于断奶后保育猪肠道发育和健康。由于采用平衡氨基酸低蛋白日粮出现的保育猪生长放缓，可以在生长育肥阶段通过代偿性生长弥补，最终在同样的上市日龄达到理想的上市体重。

33 为什么高铜、高锌不是理想的饲料替抗策略？

铜和锌都是猪维持生长和健康的必需微量元素。以铜为例，仔猪最低需要5～6毫克/千克，生长育肥猪最低需要2～5毫克/千克的铜以满足正常生长，因此为确保动物的健康和生长，铜的推荐营养需求量是6.0～6.5毫克/千克（NRC，2012）。自Braude在1945年发现高于标准剂量10倍的铜，能够提高仔猪生长性能后，饲料高铜在断奶仔猪饲料中被广泛采用。现有报道表明，高剂量的铜（65～280毫克/千克）可显著提高断奶仔猪的生长速度（体重≤25千克），但对生长育肥猪（体重>25千克）作用不明显。欧盟规定在开食至12周龄仔猪饲料中添加170～175毫克/千克的铜，而生长育肥猪的添加量为25～35毫克/千克。NRC建议的铜最高限量为250毫克/千克。但是，日粮高水平的铜和锌对机体细胞是有毒性的，欧盟于2017年通告在5年内禁止高剂量氧化锌的使用，2018年下调断奶5～8周龄的仔猪配合饲料中铜的最高添加量至100毫克/千克。

铜和锌也是细菌等微生物生长的必需元素，但同时高水平的铜、锌对细菌也是有毒性的。饲料高铜和高锌的促生长效果和部分机制与抗生素类似，这也是欧盟在饲料禁抗后的早期阶段采用饲料高铜和高锌作为饲料替抗的一个重要营养策略的原因。以铜为例，很多细菌为在高铜环境下生长，会进化产生一些耐受机制。例如通过外排系统将细胞内的铜排出，通过细胞内特定还原酶降低铜离子的氧化毒性等。

饲料铜、锌的肠道吸收率很低，一般不超过饲料添加量的30%，70%以上的饲料铜、锌随动物排泄物进入环境。同时肠道环境中的铜、锌水平存在累积效应，可达到饲料铜锌水平的5～10倍。越来越多的研究表明，饲料高铜高锌对于动物及其肠道共生菌群除了直接的细胞毒性作用外，铜和锌在肠道细菌的抗生素耐药性形成中存在协同作用。金属抗性基因和抗生素耐药基因可能位于同一遗传元件上，例如粪肠球菌（*E. faecium*）的抗铜基因 *tcrB* 与大环内酯耐药基因（*ermB*）和糖肽类耐药基因（*vanA*）位于同一质粒，这样的协同耐药机制使得猪的养殖过程中即使不再使用这两类抗生素，但是饲料高铜在选择粪肠球菌铜抗性的同时，仍会保持其对这两类抗生素的耐药性。抗生素和铜、锌也可以共享细菌的外排系统，例如李斯特菌（*L. monocytegens*）的多重耐药泵既能将多种抗生素，也能将重金属排出胞外。另外，铜、锌也可以在耐药基因的转录和转译中发挥调节作用，例如锌可以上调大肠杆菌（*E. coil*）的 *mdtABC* 操纵子的表达，使其对诺氟沙星的耐药性增强。

综合考虑仔猪健康生长、细菌耐药性和环境排放，饲料禁抗后高铜、高锌不是理想的替抗营养策略。以铜为例，建议仔猪（≤25千克）饲料硫酸铜添加量为20～125毫克/千克。

34 为什么益生素和益生元是抗生素替代物的重要选择？

益生素是指以适宜剂量饲喂动物时有益于动物健康的活的微生物。尽管其发挥有益动物健康作用的机制并不十分明确，益生素已在人类和动物中广泛应用，养猪生产中主要用于调控新生和断奶仔猪的微生物区系，所用活菌主要来源于乳酸杆菌属（*Lactobacillus*）、芽孢杆菌属（*Bacillus*）、链球菌属〔如粪链球菌（*Streptococcus faecium*）〕、片球菌属〔如乳酸片球菌（*Pediococcus acidilactici*）〕、酵母〔如酿酒酵母（*Saccharomyces boulardii*）〕。目前市场上的益生素产品形式主要为单一菌株产品、多菌株复配产品、单一或复合菌与其他添加剂（如酶制剂等）的复配产品。

益生元，也称前生素、化学益生素，是指不能被宿主消化酶降解的一些物质，能够选择性地促进动物肠道中一种或几种细菌的生长或活力，从而有益于宿主动物的健康。自抗生素促生长添加剂因加剧耐药性病原菌产生而备受争议以来，益生元成为一类新型的饲料添加剂，其种类和应用都在不断扩展。

目前，因为乳酸产生菌和丁酸对宿主健康的有益作用，益生元的筛选主要关注其对乳酸产生菌生长的促进作用，以及对丁酸水平的影响。寡聚糖是目前研究较多并商品化的益生元产品，如甘露寡糖（MOS）、果寡糖（FOS）、低聚木糖（XOS）、低聚麦芽糖等。体外研究表明，寡聚糖类益生元可被肠道中的一些乳酸杆菌和双歧杆菌作为生长所需的碳源，从而促进这两类细菌的生长。已有的研究表明，仔猪日粮中添加一定比例的寡聚糖，可提高仔猪干物质、钙和磷的消化率，可显著提高其肠道中乳酸菌的数量并降低大肠杆菌的数量，可降低断奶后腹泻的发生率，可促进仔猪回肠绒毛的发育和细胞免疫反应。

35 为什么适度使用液态发酵饲料有助于控制断奶仔猪腹泻？

发酵饲料是指在人工可控条件下，通过一种或多种特定微生物在可发酵原料中的生长、繁殖和代谢，积累菌体蛋白、酶和代谢产物所生产的对动物无害的饲料。微生物发酵部分降解了原料中的多糖、蛋白等大分子物质，生成肽、寡糖、有机酸等小分子物质，部分或全部消除了原料中的抗营养因子，从而显著改善原料的营养特性，更易于动物消化。因此，发酵饲料是一种集微生物酶、寡糖、肽、有机酸等功能于一身的微生物饲料，在动物养殖进入后抗生素时代的当下，正越来越受到养殖和饲料生产者的青睐。

液态发酵饲料是将全价饲料与水按1：（1.5～4）的比例混合，接种特定微生物（单一乳酸菌、乳酸菌组合、或酵母和乳酸菌的组合等）后发酵一定时间，以达到稳定状态的饲料。液态发酵饲料的发酵过程可分为三个阶段，最初的中性pH和有氧环境使得肠杆菌能够快速繁殖，之后随着酵母和乳酸菌的快速繁殖、pH下降，肠杆菌生长受抑制直至停止，饲料进入相对稳定的发酵状态。高品质的液态发酵饲料必须满足下列要求：①pH＜4.5；②乳酸菌数≥10^9/毫升；③乳酸浓度≥150毫摩尔/升；④乙酸和乙醇含量分别低于40和8毫摩尔/升。

断奶仔猪因饲料转变和混群而极易腹泻。欧盟是研究和应用液态发酵饲料饲养断奶仔猪最多的地区（表4-3）。相对于常规固态饲料，液态发酵饲料可将日增重平均提高22.3%，显著缓解小肠绒毛的萎缩并提高小肠黏膜完整性，提高肠道内酵母和乳酸菌活菌数，并可能抑制*E. coli*和*Salmonella*与肠道上皮的结合，从而显著降低其在肠道内的数量。母猪是液态发酵饲料应用的又一个主要养殖阶段，可以提高其高温季节的采食量和对饲料的消化率等。液态发酵饲料集合了益生菌、有机酸、酶、酵母细胞壁等功能性添加剂的益生作用于一身，因此其适度使用有助于控制仔猪断奶腹泻。

表 4-3　部分欧盟国家猪生产中液态发酵饲料的应用

国家	猪饲养量（百万头）	液态发酵饲料使用百分比（%）	
		仔猪	母猪
丹麦	13.4	60	30
芬兰	1.4	60	20
荷兰	11.1	50	15
意大利	8.9	40	5 ～ 10
法国	15.3	30	5 ～ 10
德国	26.3	30	3 ～ 5
英国	4.8	20	10

引自：Stein et al.，2002。

值得注意的是，液态发酵饲料的应用可能与一些肠道出血、胀气等症状的发生有关，但难于直接关联，这些症状发生的原因有很多。发酵过程如控制得不好，可能导致一些必需养分的过多损失，尤其是蛋白质过度发酵产生的生物胺类，不利于肠道健康。这也是近年来应用单一乳酸杆菌或乳酸杆菌组合在可控制条件下进行液态饲料发酵的原因，同时加强了液态发酵饲料生产与全自动饲喂系统结合的相关设备研发，形成了智能化的液态发酵饲料生产和饲喂一体化系统。

36 为什么发酵豆粕的仔猪利用效率要优于豆粕?

大豆及豆粕是猪饲料的优质植物蛋白来源，但大豆球蛋白和β-伴大豆球蛋白被仔猪摄入后，可诱导免疫反应而具有致敏性，引起仔猪的过敏反应。表现为肠绒毛萎缩，血清中抗大豆球蛋白抗体滴度升高，食糜滞留时间缩短，养分吸收和转运紊乱，最终引起仔猪消化不良、腹泻和生长受阻。断乳仔猪对日粮大豆抗原蛋白的过敏反应是致其腹泻的主要原因之一。豆粕经微生物发酵可有效消除大豆球蛋白、β-伴大豆球蛋白、胰蛋白酶抑制因子等抗营养因子。目前，发酵豆粕已广泛用于仔猪教槽料和保育料，可显著提高断奶仔猪的肠道完整性、日增重和饲料转化效率，同时降低肠道大肠杆菌数量、增加乳酸菌数量、改善肠道菌群的平衡。

因此，对于不具备生产和使用液态发酵饲料的养猪场，尤其是在对动物性蛋白原料的安全性要求日益提高的当下，可在断奶后保育猪的日粮配方中选用6%～10%的发酵豆粕部分替代动物性蛋白原料和豆粕，以提高断奶仔猪生长性能，降低腹泻的发生率。

37 为什么发酵能量饲料也是抗生素替代物的重要选择?

以一种或几种能量饲料混合物为原料，以酵母、乳酸菌或两者的组合为发酵微生物生产的发酵能量饲料是已在养猪生产中广泛应用的一种抗生素替代措施。

其中酵母培养物的商品化程度最高，已经报道的研究与应用也相对较多。对于母猪，酵母培养物可显著提高母猪养分利用效率、产活仔数和哺乳期采食量，提高仔猪的初生窝重和断奶窝重，同时显著减少妊娠后期母猪和泌乳期母猪、哺乳期仔猪的药物用量。对于哺乳期和保育期仔猪，酵母培养物可显著提高采食量、平均日增重和饲料转化效率，促进小肠发育和肠道完整性；替代抗生素促生长剂的添加后，可显著降低仔猪粪便中对四环素（TET）、氨苄青霉素（AMP）和头孢噻肟（CTX）耐受的肠杆菌数。对于夏季高温环境下的生长育肥猪，酵母培养物可显著降低回肠乳酸杆菌数和乳酸浓度，提高结肠丁酸产生菌数和丁酸浓度，为肠道上皮细胞提供更多的能量。

 为什么要重视饲料的霉菌毒素污染问题？

霉菌毒素（Mycotoxins）是部分霉菌在基质上生长繁殖过程中产生的具有毒性的次级代谢产物。全球70%以上的作物都受到霉菌毒素的影响，这些天然毒素导致的饲料污染是影响动物健康的一个世界性难题。

能够产生霉菌毒素的霉菌种类很多，其中，镰刀菌属生长繁殖过程中产生的镰刀菌毒素（Fusarium mycotoxins）是在全球范围中影响较大的一类污染性霉菌毒素。严重危害动物健康和生产的镰刀菌毒素有三种：烟曲霉毒素（Fumonisin，FUM），玉米赤霉烯酮（Zearalenone，ZEN）和单端孢霉烯族毒素（Trichothecenes）。烟曲霉毒素包括多种毒素，其中毒性最大的是烟曲霉毒素B1（FB1）。单端孢霉烯族毒素也包括多种毒素，其中饲料污染率最高的是脱氧雪腐镰刀菌烯醇（Deoxynivalenol，DON）。饲料源作物和配合饲料在生产、存放、加工、运输和使用中皆会受到镰刀菌属霉菌和镰刀菌毒素的污染。2015年1—6月我国各地的458份饲料原料和配合饲料样本中，ZEN的检出率高达100%，最高检出量4402.69微克/千克；DON的检出率为99.78%，最高检出量1518.18 微克/千克。参照中国饲料霉菌毒素限量标准，DON的超标率为51.09%，ZEN的超标率为12.25%，说明我国饲料原料和配合饲料的镰刀菌毒素污染普遍存在。

霉菌毒素对于猪的生长和健康有多方面的毒性作用。DON可引起猪的采食量下降、呕吐、腹泻等肠道功能紊乱和免疫功能损伤等，尤其仔猪是对DON最敏感的动物。ZEN具有生殖系统毒性和肝脏毒性等作用，猪同样是最敏感的动物。因此，生产中必须检测每个批次饲料原料中的霉菌毒素含量，不仅要重视单个毒素含量的检测，也要关注多种毒素的总量和可能的联合毒性作用。我国2016—2017年饲料原料和饲料样品的抽检表明：饲料原料中，黄曲霉毒素B1（AFB1）和ZEN，AFB1和DON，ZEN和DON，以及AFB1、ZEN和DON的共同检出率均超过了75%，而猪配合饲料中两种或三种毒素的共同检出率更是高达96%以上。霉菌毒素的联合作用高于单一作用的累积相加，可能导致毒素对动物健康危害的加剧和复杂化。

肠道、肝脏等组织器官的氧化应激可能是霉菌毒素引起猪采食下降、生长抑制等的内在原因。严格控制饲料原料质量、配合饲料贮存时间与条件，可以从源头控制猪的霉菌毒素摄入量，同时选用适当的抗氧化功能添加剂也可缓解霉菌毒素对猪生长和健康的损伤。例如给猪饮用富氢水，氢气可快速进入机体发挥抗氧化作用；也可以通过乳果糖等益生元，通过肠道菌群发酵产生氢气，吸收后缓解霉菌毒素引起的氧化应激（图 4-9）。

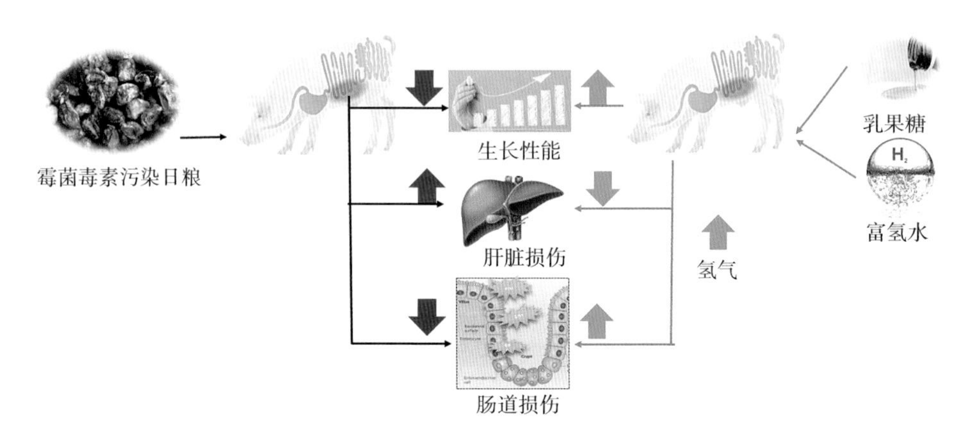

图 4-9 通过缓解氧化应激降低霉菌毒素对猪生长和健康的影响

第五章 饲养管理

39 猪饲养管理的一般要求有哪些?

（1）**规模养猪要点**。规模化养猪场生产工艺流程如图5-1所示。规模化养猪要点主要有如下几点：

① 要按照现代科学技术理论，对各生产阶段猪群实施全进全出制的管理，一般推行7天为一繁殖节律的生产方式，按照企业的生产计划均衡安排生产，合理利用猪舍和组织劳动管理。

② 要拥有能适应各类猪群生理和生产要求的、便于组织全进全出与猪群数量相适应的专用猪舍。如后备母猪群和配种母猪群应设立中母猪舍，妊娠母猪群应有妊娠母猪舍，生长育肥群有育肥猪舍。猪舍大小和栏位数应与猪群数量相适应，只有这样才能保证全进全出的连续流水线生产。

③ 要拥有遗传素质和生产性能优良的猪群，并按统一繁育计划组建起完整的繁育体系。规模化养猪实行全进全出的连续流水线生产，各个工序之间紧密结合、互相衔接，各自必须按期完成符合规定的产品。因此，必须保证有计划、有节律地均衡性生产，从而达到最高的经济效益。标准化的猪群是通过建立杂交繁育体系来实现的。完整的繁育体系包括育种场（核心群）、繁殖场（繁殖群）和商品场（生产群）组成的宝塔式体系结构。

④ 要能保证稳定而均衡地供应适应各类猪群所需要的全价配合饲料，按照猪群的划分，应用饲养标准来配制5种日粮，即乳猪料、断奶仔猪料、生产育肥猪料、妊娠母猪料和泌乳母猪料。

⑤ 要具有严密、严格和科学的兽医卫生防疫制度和符合环境卫生要求的粪污处理系统。建立健全兽医卫生防疫制度和措施，制定科学的各种疫病的免

疫程序，切实贯彻防重于治的原则。

⑥ 要科学管理。只有制订并严格执行科学的管理制度，才能发挥规模化养猪场的技术优势。

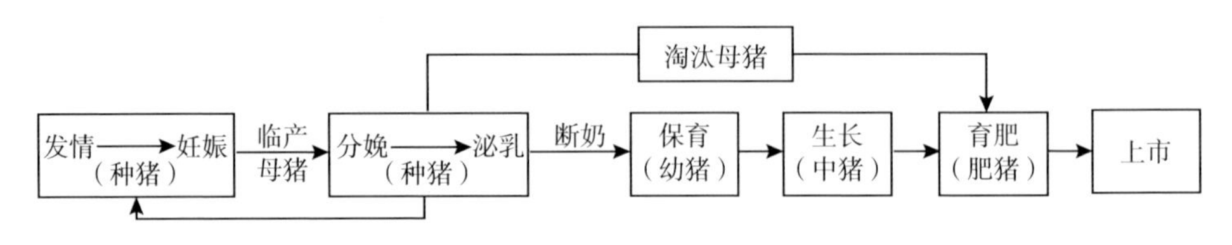

图 5-1　规模化养猪场生产工艺流程

（2）日常规范化管理制度。

① 四定。即坚持定时、定质、定量、定温饲喂。定时饲喂，有利于让猪养成良好的生活习惯，促使消化腺定时活动，有利于提高饲料的利用率。定质饲喂，指保证日粮的组成和质量相对稳定，如要进行饲料的更换，必须逐步增减、逐步更换。定量饲喂，指在合理安排每天饲喂时间的前提下，尽量保证每次喂量一致，以防饱饿不均，既影响食欲又影响生长速度。定温饲喂，是指应根据不同季节气温的变化，调节饲料及饮水的温度，做到“冬暖夏凉”，使猪在不同的季节保持较好的食欲和体况。

② 三查。有经验的养猪经营者应非常重视对猪群的观察，每日三查，即早晨查粪便，喂饲时查食欲，平时查精神。粪便异常（干硬或拉稀）、食欲不振或精神萎靡等情况，均为染病的预兆，应及时采取措施予以处理。注意检查猪群的膘情体况，也可以根据膘情体况的变化分析饲养管理是否合理，并计算饲养成本和考核经营效果。

③ 记录整理。做好原始资料的记录整理工作对猪场科学管理是否合理，将起到很好的总结和指导作用。

 种公猪如何饲养管理？

对于采用季节性产仔和配种的猪场，在配种季节到来之前45天，要逐渐提高种公猪日粮的营养水平，最终达到配种期饲养标准，以供给满足强度配种的营养需要。配种季节过后，要逐渐降低营养水平，供给仅能维持种用膘情的营养即可，以防种公猪过肥。对于全年产仔和配种的猪场，应常年均衡供给公猪所需营养物质，以保证种猪常年具有旺盛的配种能力。不论哪种饲喂方法，供给种公猪日粮的体积都应小些，以免形成草腹而影响养分浓度：非配种期每千克配合饲料含粗蛋白14%，含消化能12.55兆焦，日喂量2～2.5千克；配种期每千克配合饲料含粗蛋白15%，含消化能12.97兆焦，日喂量2.5～3.0千克。

运动具有促进机体新陈代谢，增强公猪体质，提高精子活力和锻炼四肢等功能，从而提高配种能力。运动方式，可在大场地中让其自由活动，也可在运动跑道中进行驱赶运动，每天1～2次，每次约1小时，行程1.5千米左右，速度不宜太快。夏天运动应在早上或傍晚凉爽时进行，冬天则应在午后气温较暖和时进行。配种任务繁重时要酌情减少运动量或暂停运动。

种公猪以单圈饲养为宜。猪舍要经常保持清洁、干燥，阳光要充足，按时清扫猪舍。对猪体进行皮毛刷拭，不仅有利于皮肤健康，防止皮肤病，还能增强血液循环，促进新陈代谢，增强体质。对公猪要定期称重和进行精液品质检查，以便调整日粮营养水平及运动量和配种强度。

高温可使种公猪精子活力降低、采精量减少、畸形精子增加，导致受胎率下降、产仔数减少或不育。因此，做好防暑降温工作，避免热应激是非常必要的。降温措施有猪舍遮阴、通风，在运动场上喷淋水装置或人工定时喷淋等。

根据公猪的品种特性和性成熟的早晚，决定初配年龄。地方猪种初配年龄为6～8月龄，培育品种和引入品种则以8～10月龄为宜。后备公猪初配时的体重要达到该品种成年体重的50%～60%。过早配种会影响公猪的生长发育，缩短利用年限；过晚配种会降低性欲，影响正常配种，也不经济。

配种频率要恰当，根据公猪产精能力确定配种或采精频率，成年公猪每周采精2～3次，青年公猪每周采精1～2次。尽量做到定点、定时和定人。配种时，要供给足够的营养物质，每天最好能加喂鸡蛋2～3个。饲养好而又配种利用合理，1头公猪可利用5～6年。

配种应在吃料前一小时或吃料后两小时进行。配种后不要立即饮水，要让其休闲十几分钟，然后关进圈内。公猪长期不配种，影响性欲，精液品质差。因此，在非配种季节，应定期或半月左右人工采精一次。

41 种母猪如何饲养管理?

种母猪的饲养管理见图5-2和图5-3。

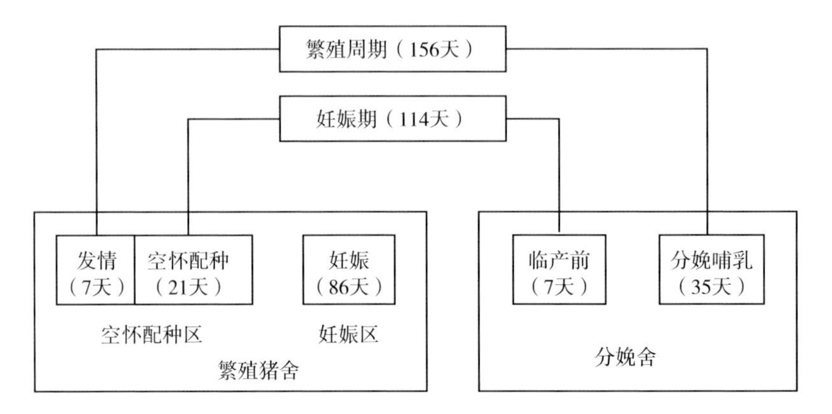

图5-2 母猪的生产组织

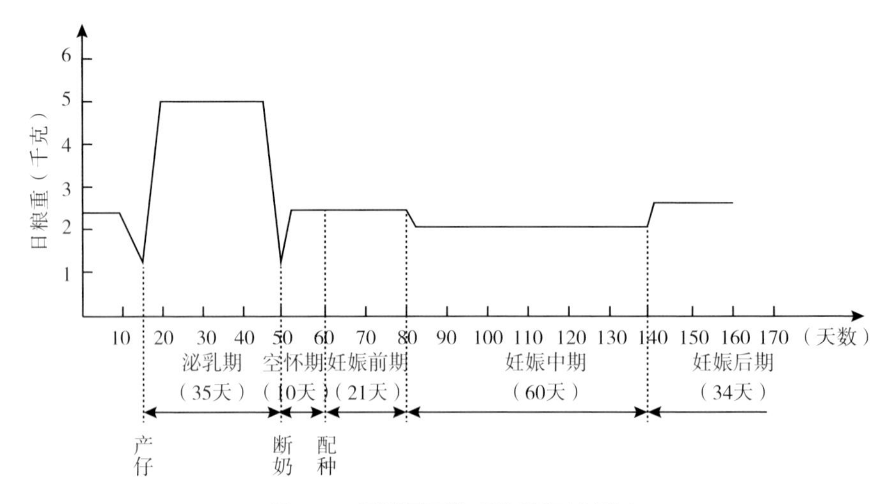

图5-3 母猪不同生理阶段饲料喂量

（1）空怀母猪的饲养管理。

① 控制膘情促使及时发情配种。俗话说“空怀母猪七八成膘，容易怀胎产仔高”。因此，应根据断奶母猪的体况及时调整日粮的喂给量。如果是发生死产、流产或仔猪并窝的母猪，则其体况一般较好，应注意减少精料的喂给，

增加青、粗料的投放，并增加运动量，控制膘情。对于经过泌乳阶段的断奶母猪，失重20%～30%，应给予正常的母猪料，使其正常发情；有的母猪在泌乳期由于带仔太多或营养缺乏，致使失重太大，可实行短期优饲。采用并窝饲养、公猪诱情、药物催情的办法，都可以促使空怀母猪及时发情排卵。据报道，乏情母猪注射孕马血清促性腺激素或氯地酚每头20～40毫克可引起发情；青年母猪皮下埋植500毫克乙基去甲睾酮20天，或每日注射30毫克，持续18天，停药后2～7天内发情率可达80%以上，受孕率达60%～70%。

②做好母猪的发情鉴定和适时配种工作。发情母猪的典型表现：一是外阴部从出现红肿现象到红肿开始消退并出现皱缩，同时分泌由稀变稠的阴道黏液；二是精神出现由弱到强的不安情况，来回走动，试图跳圈，以寻求配偶；用嘴拱查情员的腿、脚，且紧缠不休；隔栏见到公猪时，会争先挤到栏门边持续相望，并不停地叫唤；三是食欲减退，甚至不吃；四是从开始爬跨其他母猪，但不接受其他母猪的爬跨，到能接受其他母猪的爬跨；五是开始时按压其背部还出现逃避的现象，但随后则会变得安稳不动，出现“呆立反射”现象。一般认为，母猪出现“呆立反射”现象，适于首配，隔8～10小时再配一次，这样能做到情期受胎率高且产仔数也较多。另外，考虑到母猪的年龄，应坚持“老配早，少配晚，不老不少配中间”的原则。而考虑品种和类群又要做到引进猪种适当早配，地方猪种适当晚配，培育猪种及杂种母猪的配种时间则介于两者之间。

（2）妊娠母猪的饲养管理。

①选择适当的饲喂方式。对于体况较瘦的经产母猪，从断奶到配种前可增加饲喂量，日粮中提高能量和蛋白质水平，以尽快恢复繁殖体况，使母猪正常发情配种，对于膘情已达七成的经产母猪，妊娠前、中期只给予相对低营养水平的日粮，到妊娠后期再给予营养丰富的日粮。在泌乳期内妊娠的母猪需满足泌乳与胎儿发育双重营养需要，因此，在整个妊娠期内，应采取随妊娠日期的增长逐步提高饲养水平的方式。青年母猪妊娠后，由于本身处于生长发育阶段，同时担负胎儿的生长发育，也应提高其营养水平。

②掌握日粮体积。根据妊娠期胎儿发育的不同阶段，既要保持预定的日粮营养水平，又要适时调整精粗饲料比例，使日粮具有一定体积，让妊娠母猪不感到饥饿，又不压迫胎儿。在妊娠后期，可增加日喂次数以满足胎儿和母体的营养需要。

③ 注意饲料品质。妊娠日粮中无论是精料还是粗料，都要特别注意品质优良，不喂发霉、腐败、变质、冰冻和带有毒性或有强烈刺激性的饲料，否则会引起流产，造成损失。饲料种类也不宜经常变换。

④ 精心管理。妊娠前期母猪可合群饲养。妊娠第一个月，要使母猪吃好、休息好、少运动。以后让母猪有足够的运动，夏季注意防暑，冬季雨雪天和严寒天气停止运动。妊娠中、后期减少运动量，临产前应停止运动。

（3）分娩母猪的饲养管理。

① 计算预产期。算出预产期并且以红、黄、黑色标志分别标记产前3天、5天、8天，做好产前准备。

② 临产母猪的饲养管理。一是灭除体外寄生虫。如发现母猪身上有虱或疥癣，要用2%敌百虫溶液喷雾灭除，以免分娩后传到仔猪身上。二是母猪产前10～15天，逐渐改变日粮，防止产后突然变料引起消化不良和仔猪下痢。三是调整喂料量。如果母猪膘情好，乳房膨大明显，则产前1周应逐渐减少喂料量，至产前1～2天可减去日粮一半，并减少粗料、糟渣类大容积饲料喂给量，以免压迫胎儿或引发便秘，影响分娩。发现临产症状后应停料，只饮豆饼麸皮汤。如母猪产前膘情差，乳房干瘪，则不但不能减料，还得适当加喂豆饼等蛋白质催乳饲料，防止母猪产后无奶。四是适当运动。产前1周应停止合群远距离放牧运动，可改在猪舍附近牧地或运动场活动，避免激烈追赶和挤撞引起流产或死胎。五是母猪临产前3～7天要迁入产房，使它熟悉和适应新的环境，避免剧烈折腾，造成胎儿窒息死亡等。六是分娩前1周应注意观察母猪状态，加强护理，防止提前产仔无人接产等意外事故。

③ 接产准备和接产。一是产房应保持清洁、干燥（相对湿度小于70%），环境温度在15～20℃，空气新鲜。二是产房与产笼应彻底刷洗、消毒，并空圈3天以上。三是妊娠母猪临产前进入产房。上笼前应对体表、乳房、四肢、下腹部用高锰酸钾水或来苏儿水擦干净。四是接产用具（碘酒、毛巾、来苏儿水、脸盆、耳号钳、称）准备好，安排有经验的饲养员轮流昼夜值班，并尽量避免外人进入产房。五是接产员应剪短锉平指甲，用肥皂水将手洗净，产前用温来苏儿水擦洗母猪乳房、下腹部及外阴部。六是仔猪产出后用消毒过的干毛巾（每窝一条以上）擦干口鼻及全身黏液，然后断脐，脐带断端涂抹碘酒，然后迅速将仔猪移入装有红外线保温灯的护仔箱内（箱内温度保持在25～32℃）。七是若母猪产程超过4小时，则应肌注新斯的明2～4毫升或催

产素，以促进产出。八是对假死的仔猪需要进行及时处理、急救。吃初乳前每头小猪口服1毫升庆大霉素或其他抗生素，并在产后尽早安排仔猪吃足初乳。九是冬季产仔为改善仔猪吃乳时的环境温度，可在保温箱之外母猪上方再单独吊一只红外线灯，3天之后去掉。十是仔猪全部产完后，将产仔日期、产仔总数、产活仔数等及时填写在圈卡上，胎衣及污物及时清除。

④ **产后饲养管理。**产后当天只喂2～3次麸皮盐水汤（麸皮20克、食盐25克、水2千克）；产后4～6天的喂料量增加到1/3～1/2；产后4～6天的喂料量增加到1/2～2/3；产后7天喂给哺乳期日粮全部定量并尽可能让母猪多吃。

⑤ **母猪白天产仔法。**在母猪临产前的2～3天（即妊娠后的111～112天）上午8时左右，给母猪肌注125微克氯前列烯醇注射液，母猪即可在注射后的第二天白天产仔。无任何副作用，药物成本低。

（4）泌乳母猪的饲养管理。

① **合理饲养。**合理饲养泌乳母猪是提高母猪泌乳力，增加仔猪断奶窝重的重要措施之一。母猪产仔后几天内泌乳不多，仔猪较小，日喂料量应逐步增加，至5～7天达到正常喂量。一般在产后10～15天出现泌乳高峰，这时才开始加料。过早加料会使母猪早期泌乳过多，仔猪吃不完或吃多了造成消化不良，反而不好。泌乳高峰过后停止加料。为使母猪达到足够采食量，或可日喂3～4次。对于泌乳不足或缺乳的母猪，特别是初产母猪，在改善饲养管理的基础上，增喂蛋白质丰富而易于消化的饲料，可喂给煮制的胎衣或中药，优质的青绿饲料和发酵饲料也有助于泌乳。

② **充分供应饮水。**水对泌乳母猪特别重要，乳中含水约80%，此外，代谢活动也需要水。一般认为泌乳母猪每昼夜需饮水5～10千克。

③ **乳房护理。**母猪产后即可用49℃左右的温水擦洗乳房，可连续进行数天，这样既清洁了乳房，对母猪也是一种良好的刺激。特别是对于初产母猪效果更好。仔猪拱奶也是一种按摩，可使乳腺得到发育。应及早训练仔猪养成固定乳头吃奶的习惯，同时要经常检查母猪乳房、乳头，如有损伤，及时治疗，并训练母猪养成两侧交替躺卧的习惯，便于仔猪吮乳。

④ **舍外活动。**农户散养母猪在产后3～4天，如果天气良好就可到舍外活动几十分钟。半个月后可带仔猪一起到舍外活动。在泌乳期，使母猪适当增加运动和多晒太阳是有益的，当然要让母猪充分休息好。圈舍应保持清洁干燥。

42 哺乳仔猪如何饲养管理？

（1）早吃初乳与固定乳头。仔猪出生时缺乏先天性免疫力，而母猪初乳中富含免疫球蛋白等物质，可使仔猪获得被动免疫力；初乳中蛋白质含量高，且含有轻泻作用的镁盐，可促进胎粪排出；初乳酸度较高，可弥补初生仔猪消化道不发达和消化腺机能不完善的缺陷；初乳的各种营养物质，在小肠内几乎全部吸收，有利于增长体力和御寒。因此，仔猪应早吃初乳，出生到首次吃初乳的间隔时间最好不超过2小时。

（2）加强保温与防冻防压。初生仔猪的体温调节机能不完善，冬季或早春寒冷季节应做好猪舍的防寒保暖工作。仔猪出生后离开母猪很怕冷，舍温低于10℃以下时仔猪易挤成堆。母猪适宜产仔的舍温为18～20℃，而仔猪适宜温度为1～3日龄30～32℃、4～7日龄28～30℃，所以必须给仔猪进行保温处理，常用红外线灯、暖床、电热板等方法加温。最初每隔1小时让仔猪哺母乳一次，逐渐延至2小时或稍长时间，3天后可让母猪带仔哺乳。仔猪出生后的最初3天，行动不灵活，同时母猪体力也未恢复，初产母猪又常缺乏护仔经验，常因起卧不当压死仔猪，所以栏内除安装护仔档外，还应建立昼夜值班制，注意检查观察，做好护理工作。

（3）均窝寄养。生产中常会出现一些意外情况，需进行均窝寄养。常见的意外情况有一头母猪产仔过多，超过其可以哺乳的有效乳头数；有的母猪产仔较少，乳头有剩余；也有的母猪因病产后奶水不足或产后死亡等。寄养的原则是要有利于生产，两窝产期相差不超过3天，个体相差不大，要选择性情温顺、护仔性好、母性强的母猪负责寄养的任务。为防止仔猪间及母仔间不相认的情况发生，除坚持上述原则外，利用其视觉较差而嗅觉灵敏的特点，采取夜并，且用母猪乳汁、尿液等涂抹于仔猪身体上的办法，使气味一致，达到相认的目的。

（4）预防仔猪黄痢。可在母猪妊娠后期按要求注射K88、K99疫苗。

（5）补铁和硒。铁是血红蛋白等重要生命物质的成分。仔猪出生时每千克体重约含铁35毫克，每升母乳中仅含铁约1毫克，而仔猪正常生长每天需铁约7毫克，严重供不应求，这易导致发生贫血、生病、生长受滞，甚至死亡。

给仔猪补铁有多种方法：① 产后3～5天用硫酸亚铁2.5克，硫酸铜1克，氧化钴2.5克，冷开水1000毫升配成溶液，滴在母猪乳头上，或直接滴在仔猪嘴里，每日1～3次，每头仔猪10毫升，以补充铁和铜。② 生后7天颈部肌内注射2～3毫升钴合剂。③ 生后3天肌内注射右旋糖酐铁2毫升。④ 以红土补铁，在圈内放堆红土，任其舔食。⑤ 生后3天开始肌注亚硒酸钠1毫升，以后每隔19天注射1次，每次2毫升，直至断奶。

（6）剪牙。出生时仔猪有尖锐的犬齿，用于取食、自卫和攻击，可能会咬破其他仔猪的头脸及母猪乳房和乳头等。为避免这些伤害，应于出生第一天修剪这些牙齿。

（7）断尾。通常在出生第一天断尾以阻止相互咬尾。一般用手术刀或锋利的剪刀剪去最后3个尾椎即可，并涂药预防感染。

（8）去势。仔猪7日龄左右去势，以利术后恢复。猪的性别与是否去势对其生长性能、胴体品质和经济效益都有影响，未去势的公猪与去势公猪相比，日增重约高12%，胴体瘦肉率高2%，每千克增重节约饲料7%。未去势公猪比未去势母猪瘦肉率约高0.5%。未去势的母猪与去势的母猪相比，平均日增重和胴体瘦肉率都高。目前我国规模化养猪生产多数母猪不会去势，公猪早期去势，这是有利肉猪生产的措施。引进瘦肉型猪性成熟晚，幼母猪一般不去势生产肉猪，但公猪因有雄性激素，有难闻的膻气味，影响肉的品质，通常是将公猪去势用作肉猪生产。

（9）抓开食与补料。训练仔猪吃料叫开食。随着日龄的增加，仔猪的体重及营养需要与日俱增，母猪的泌乳量在产后3～4周达到高峰期，以后逐渐下降。仔猪2周龄后母猪泌乳即不能满足仔猪生长发育对营养的需求，供求矛盾越来越大，解决这一矛盾的办法就是补给高营养的乳猪料。同时，提早补料可以锻炼仔猪的消化器官及其机能，促进胃肠发育，防止下痢，为断奶打好基础。一般在5～7日龄时开始诱食，这是一件细致、耐心而又复杂的工作。特别是母猪奶水好的仔猪诱食更难。可在仔猪吃奶前将料涂在母猪乳头上；或将炒香的高粱、玉米或大小麦料撒在干净地上，让母猪带仔舔食；也可在乳猪料中加调味剂如乳猪香，让仔猪自由采食。在训练仔猪开食的同时，应训练仔猪饮清洁水，否则仔猪就会饮脏水或尿液，易致下痢。

（10）抓旺食与提高断奶体重。仔猪20日龄以后随着消化机能渐趋完善和体重的迅速增加，食量也大增，进入旺食阶段。为了提高仔猪的断奶重和断奶后对成年猪饲料类型的适应能力，应加强这一时期的补料。此时必须喂给接近母乳营养水平的全价配合料，才能满足仔猪快速生长的需要，要求高能量、高蛋白、营养全面、适口性好、容易消化，每千克饲料含粗蛋白18%以上，必需氨基酸品种齐全，赖氨酸达1%。根据仔猪采食的习性，选择香甜、清脆等适口性好的青绿饲料，如切碎的南瓜、青菜等，加到精料中，促使仔猪多吃料。给仔猪适当补饲有机酸，可以提高消化道酸度，激活某些消化酶，提高饲料的消化率，并有抑制有害微生物繁殖、防止腹泻的作用。有机酸来源主要有柠檬酸、甲酸、乳酸和延胡索酸等。仔猪进入旺食阶段，可适当增加喂食次数，每天5～6次，其中一次夜间喂（10点钟以后）。喂干粉料或颗粒料，可以自由采食，也有采取白天顿喂，夜里自由采食；喂湿拌料，要注意槽底料不要霉变。

（11）断奶。仔猪断奶的时间，应根据猪场的性质、仔猪用途及体质、母猪的利用强度及仔猪的饲养条件而定。适宜的断奶时间为21～35日龄。采用一次断奶法，也称果断断奶法，即当仔猪达到预定断奶日期时，断然将母仔分开的方法。由于断奶突然，极易因食物及环境突然改变而引起消化不良性拉稀，因此，可在断奶的最初几天将仔猪仍留在原圈饲养，饲喂原有的饲料，采用原有的饲养管理方式。此法虽对母仔刺激较大，但因简单，便于组织生产，所以应用较广，规模化养猪场常该断奶方法。

断奶仔猪如何饲养管理？

断奶对仔猪是一个应激，断奶仔猪不仅对饲料要求相对较高，且须加强饲养管理，以减轻断奶应激带来的损失，尽快恢复生长。

（1）饲料。刚断奶时仍要用乳猪料喂1周左右，但不可让其吃得过饱，以防下痢。然后通过10～14天的时间，逐步过渡到全部换用仔猪料。

（2）保温。断奶仔猪对温度的要求仍很高，因此，断奶猪舍一定要有保温箱，在箱的底部可铺上一层干燥洁净的木板。

（3）分群。断奶仔猪可以原窝养育，也可根据仔猪大小进行重新分群。食槽要符合要求，并保持充足的饮水。

（4）互咬。仔猪在饲喂全价饲料及温度、湿度合适的情况下，仍可能有相互咬斗的现象，这是仔猪的天性，可在圈栏内吊上橡胶环、铁链及塑料瓶等，让其玩耍，以分散注意力，减少互咬现象。

（5）清洁。不管采用双列还是单列式圈舍，舍内均应保持通风、干燥，定期清扫，以保持舍内清洁卫生，防止蚊蝇滋生，减少有害气体含量。

44 后备猪如何饲养管理？

（1）后备公猪的饲养管理。为了培养优秀的种公猪，应从小开始加强饲养管理。幼年仔公猪与同窝仔猪一样，主要靠母猪乳汁提供营养。为促进仔猪消化器官的正常发育，加大断奶体重，在生后7天左右开始训练吃食。

后备公猪必须与其他公猪隔开饲养，也要远离母猪圈，否则会引起公猪的不安，影响其正常的生长发育。要注意保证后备公猪每天有足够的时间进行适当运动，否则会引起肥胖、懒惰、不活泼，影响将来的配种质量，甚至不能作种用。

（2）后备母猪的饲养管理。对后备母猪（也称青年母猪）的饲养既要使其正常地生长发育，又要保持适宜的体况，具有正常的生殖功能。发育良好的后备母猪8月龄可达成年体重的50%左右，因此，适宜的营养水平是后备母猪正常生长发育的保证，营养水平过高或过低对后备母猪正常生长发育都会造成不良影响。过高，会使母猪过肥，影响排卵，发育周期不正常，妊娠率下降；过低，则使母猪生长发育受阻，初情期推迟，总的繁殖成绩下降。

在饲养技术上，5月龄以前的青年母猪，正处在生长发育的旺盛期，日粮应营养全面，以满足正常发育的需要，饲喂量也应充足。5月龄以后，由于沉积脂肪的能力增强，为避免过肥，可适当降低营养水平，增加青、粗饲料比例。日粮结构应在满足骨骼、肌肉生长发育所需营养的基础上，限制碳水化合物含量丰富的饲料用量，增加品质优良的青绿多汁饲料。

在管理上，注意猪舍通风，对地面、用具、食槽等定期消毒，使母猪有一个良好的生活环境，并按时驱虫和预防接种。为掌握青年母猪的生长发育情况，要测定达100千克体重日龄，6月龄加测体尺。运动对青年母猪非常重要，运动既能使母猪得到锻炼，促进骨骼和肌肉的正常发育，保证匀称结实的体型，防止过肥和肢蹄不良，又能增强体质，防止发情失常和难产。因此，青年母猪舍应有能满足需要的运动场，能够使母猪在舍外运动场上自由活动。在运动场上应设有饮水器，以供给充足而又清洁的饮水。

45 生长育肥猪如何饲养管理？

（1）一贯育肥法。将肉猪整个饲养期分成两个阶段，即前期20～50千克，后期50～100千克。各期采用不同营养水平和饲喂技术，但整个饲养期采用较高的营养水平，而在后期采用限量饲喂或降低日粮能量浓度的方法，可达到增重速度快，饲养期短，肉猪等级高，出栏率高和经济效益好的目的。

（2）肉猪原窝饲养。猪是群居动物，来源不同的猪并群时，往往出现剧烈的咬斗，相互攻击，强行争食，分群躺卧，各据一方，这一行为严重影响猪群生产性能的发挥，个体间增重差异可达13%。而原窝猪在哺乳期就已形成的群居秩序，肉猪期仍保持不变，就不会出现上述现象，这对肉猪生产极为有利。但在同窝猪整齐度稍差的情况下，难免出现些弱猪或体重轻的猪，可把来源、体重、体质、性格和吃食等方面相近似的猪合群饲养，同一群猪个体间体重差异不能过大，在小猪（前期）阶段群体内体重差异不宜超过2～3千克，分群后要保持群体的相对稳定。每栏肉猪为8～10头，在将个别猪调出后，原窝猪在7～12头时都应原窝饲养，不要再重新组群。当两窝猪头数都不多，并有许多相似性时，要合群并圈也应在夜间进行，要加强管理和调教，避免或减少咬斗现象。

（3）饲料调制和饲喂。科学地调制和饲喂，对提高肉猪的饲喂速度和饲料利用率，降低生产成本有着重要意义，同时这也是肉猪日常饲养管理工作中的一项重要工作，特别是在后期，肉猪沉积一定数量的脂肪后，食欲往往会下降，更应引起注意。

① 饲料调制。饲料调制原则是增强适口性，提高饲料转化率。集约化养猪很少利用青绿多汁饲料，因其容积大，营养浓度低，不利于肉猪的快速增重。全价配合饲料的加工调制，一般而言，分为颗粒料、干粉料和湿拌料三种饲料形式。颗粒料优于干粉料，湿喂优于干喂。

② 饲喂方法。可分为自由采食与限量饲喂两种饲喂方法，前者日增重高，背膘较厚；后者饲料转化效率高，背膘较薄。为了追求高的日增重用自由采食

方法最好，为了获得瘦肉率较高的胴体采用限量饲喂方法最优。如果肉猪为三元杂交猪或杂优猪，可采用自由采食法，日粮稍加调整后也可以获得高的日增重和优等级胴体。肉猪前期采用自由采食，后期限制能量饲料饲喂量，则全期日增重高，胴体脂肪也不会沉积太多。

限量饲喂方法的饲喂次数应按饲料形态，日粮中营养物质的浓度，以及肉猪的年龄和体重而定。日粮的营养物质浓度不高，容积大，可适当增加饲喂次数，相反则可适当减少饲喂次数。在小猪阶段，日喂次数可适当增加，以后逐渐减少。

（4）供给充足清洁的饮水。肉猪的饮水量随体重、环境温度、日粮性质和采食量等而变化。一般在冬季，肉猪饮水约为采食风干饲料量的2～3倍或体重的10%左右；春秋季约为4倍或16%左右；夏季约为5倍或23%左右。饮水设备以自动饮水器最佳，可防止水质被污染，避免肠胃消化系统等的疾病。在无自来水条件下可在圈内单独设一水槽，经常保持充足而清洁的饮水，让猪自由饮用。

（5）调教。肉猪在调群入栏后，要让猪养成在固定地点排泄、睡觉、进食和互不争食的习惯，这不仅可以简化日常管理工作，减轻劳动强度，还能保持猪舍的清洁干燥和猪体卫生，创造舒适的群居环境。为此，对猪群要进行调教。要做好调教工作，必须了解肉猪生活习性和规律。一般猪喜欢卧睡，在适宜的圈养密度下，约有60%的时间躺卧或睡觉。肉猪喜躺卧在高处、平地、圈角黑暗处、木板上、垫草上，热天喜卧于风凉处，而冷天喜睡于温暖处。猪的排便一般在洞口、门口、低处，在进入新的环境或受惊吓时排便较多。只要掌握这些习性，就能做好调教工作。做好调教工作，关键在于抓得早，抓得勤。

① 限量饲喂要防止强夺弱食。当调入肉猪时，要注意所有猪都能均匀采食，除了要有足够长度的食槽外，对喜争食的猪要勤赶，使不敢采食的猪能得到采食机会，帮助建立群居秩序，分开排列，同时采食。如能采用无槽湿拌料喂养，争食现象就会大大减轻，但要掌握好投料量。

② 采食、睡觉、排便三角定位。保持猪栏干燥清洁：通常运用守候、勤赶、积粪、垫草等方法单独或几种同时使用进行调教。例如，当小肉猪调入新猪栏时，在已消毒好的猪床铺上少量垫草，食槽放入饲料，并在指定排便处堆放少量粪便，然后将小肉猪赶入新猪栏。发现有的猪不在指定地点排便，应将

其散拉的粪便铲到粪堆上，并结合守候和勤赶，这样很快就会养成三角定位的习惯。有个别猪对积粪固定排便无效时，利用其不喜睡卧潮湿处的习性，可用水积聚于排便处，进行调教。设置自动饮水器有利于定点排便调教。

（6）防疫和驱虫。

① 防疫。预防猪瘟、猪丹毒、猪肺疫、仔猪副伤寒和口蹄疫等传染病，必须制定科学的免疫程序进行预防接种，做到头头接种，对漏防猪和新从外地引进的猪只，应及时补充免疫接种。新引进的猪种在隔离舍期间无论以前做了何种免疫注射，都应根据本场免疫程序接种相应疫苗。

② 驱虫。肉猪的寄生虫主要有蛔虫、姜片吸虫、疥螨和虱子等体内外寄生虫，通常在90日龄进行第一次驱虫，必要时在135日龄左右再进行第二次驱虫。驱除蛔虫常用驱虫净（四咪唑），每千克体重为20毫克；或用丙硫苯咪唑，每千克体重为100毫克，拌入饲料中一次喂服，驱虫效果较好。服用驱虫药后，应注意观察，若出现副作用时要及时解救。驱虫后排出的粪便，要及时清除并堆制发酵，以杀死虫卵防止再次感染。

第六章 疫病防控

怎样做好猪场的生物安全?

猪场生物安全是指在养猪生产中防制猪病传染源进入猪场，侵袭猪群，造成疫病流行的技术措施。包括防止致病性病原菌（或病毒、寄生虫）进入猪场，阻止已侵入猪场、猪群中的致病微生物继续传染其他猪只，增强猪自体免疫力，同时防止场内病原微生物逃出场区等一系列生物安全技术措施的实施，防疫免疫制度的建立等。近年来，不少猪场因在生物安全管理方面出现漏洞，导致猪病不断、效益低下，甚至灾难。近期在我国发生的非洲猪瘟疫情让我们更加深刻地认识到猪场加强生物安全体系建设的重要性和必要性。

（1）进入猪场的人员管理。进入猪场的人员，因其在场外可能到过其他猪场或接触过其他猪群、病原污染物，就可能成为疾病的传播因素，应严格控制。要充分发挥门卫在生物安全体系中的重要作用，门卫是所有人员和物资进入猪场的第一道关卡，门卫的责任心是最重要的，必要时做绩效考核，以督促门卫工作认真负责；所有人员进入猪场均需严格按照规定的程序进入；所有物资消毒也是由门卫负责管理。

① **所有人员进场必须严格执行下列隔离、消毒规定。**未经猪场负责人和兽医的许可，任何人员禁止进入场区；任何人员进入生产区前必须在场外隔离72小时以上，方可进入；所有进入场区以内的外来人员必须登记，包括姓名、工作单位、来访因由、最近一次接触包括活猪在内的污染敏感区域的地点以及具体时间；休假或者离开生活区的本场员工再次进入生产区之前，必须在生活区内完成至少两晚一日的隔离期；休假或者离开生活区的本场员工再次进入生产区之前尽可能避免接触包括活猪在内的敏感污染物，若发生过接触，则应

该执行自接触时起96小时的隔离期；搭乘24小时以内受过污染的运载工具并准备进入生活区的人员必须遵从96小时的隔离期；任何带进猪场的物品必须经过紫外线照射30分钟方可入场；人员进入场区前必须经过喷雾消毒后方可进入。

② **进场人员的消毒程序。**任何人员进入场区，必须经由生活区入口。进入生活区的消毒程序：脚踩鞋底消毒盆，进入门卫室脏区；用消毒液洗手消毒；更换场内的防疫鞋，将场外的鞋子放到指定鞋柜内；进入门卫室净区，填写到场相关记录；将随身携带物品放入消毒间内经紫外线照射或喷雾消毒30分钟；进入生活区隔离48小时后，经允许才能进入生产区。

③ **进入生产区的消毒程序。**进入生产区的人员，均需按规定在生活区内完成48小时隔离期之后，才能按规定程序进入生产区。其具体步骤如下：将随身携带的物品放入紫外线消毒柜消毒；到洗澡间门口脱下在生活区穿的防疫鞋，更换拖鞋进入洗澡间；将生活区内穿的衣服脱下，放入对应编号的柜子中；洗澡10分钟，用生产区备用的毛巾擦干身体后，穿上生产区统一配置的工作服；在洗澡间门口更换在生产区内穿的白色防疫鞋，从消毒柜中取出自己的手机、电脑、记录本等物品；上述程序完成后，方可进入生产区。

④ **进舍消毒程序。**进入猪舍前，要将在生产区内穿的白色防疫鞋更换成在猪舍内穿的黑色工作雨鞋；踩踏猪舍门口盛有消毒液的消毒盆，对黑色雨鞋进行消毒；消毒液要坚持每天进行更换。白色防疫鞋及黑色雨鞋分别是在生产区及猪舍内穿的，不能混穿。

（2）进入猪场的物资管理。所有物资进入农场前都要进行消毒。对于熏蒸消毒间，需要有多层镂空架子将房间一分为二，即脏区和净区。外部人员消毒前是在脏区将物品放到架子上，消毒后是由内部人员将物品从净区拿走；对于物资从生活区进入生产区，最好将外层包装拆掉，内部药品可以通过塑料筐带入生产区，塑料筐只是从消毒间净区到生产区来回流动，禁止被带到消毒间脏区以及外部。

（3）进入猪场的车辆管理。因车辆在不同的猪群间、猪场间及其他地方来回奔跑，从而成为很危险的传播因素，必须进行严格消毒和控制。

① **猪场内部的车辆管理。**仅供生产区内使用的车辆，不能出生产区，每次使用后均应严格冲洗、消毒、晾干后再用；系统内猪场间转运猪只的车辆，使用后应消毒烘干，在指定地点停放24小时；转运猪到客户猪场的场内部车

辆，使用后应消毒烘干，在指定地点停放48小时。每次冲洗、消毒完毕，应填写使用、消毒记录。

② **猪场外来车辆的管理。**禁止外来的运猪车进入生产区；外来拉猪车辆应在指定的洗消中心，在猪场消毒人员的监督下，经彻底清洗、消毒后，才能用于猪只转运；外来送料车需进入生产区料房时，司机和车辆均需按要求，在门卫的监督下经严格消毒后（含驾驶室）方可进入。

所有车辆进入猪场的消毒程序：司机在门口登记并换穿猪场备用的工作服和鞋，门卫用清洗机对车体和车轮进行清洗和消毒；驾驶室中的脚踏垫应拿出来冲洗消毒，驾驶室用臭氧消毒30分钟；进入生产区的车辆，应在生产区门口的专用汽车消毒通道喷雾消毒1分钟以上，司机经洗澡消毒、换穿生产区备用的衣服和鞋后方能上车。

（4）生产区内的消毒管理。只有对生产区严格按规定程序开展消毒管理，才能确保安全生产。

① **场区消毒。**场区内道路、猪舍外的赶猪道、装猪台、生物坑为消毒重点，每周三集中消毒一次。

② **空舍消毒。**猪舍腾空后，应先用高压消毒机将圈栏、猪床、地面、地板漏缝、墙壁和食槽等处冲洗干净，干燥后用洗衣粉溶液浸泡4小时，之后再用消毒液进行全面消毒；间隔1天再重复消毒一次，第二次消毒结束后12小时，再用高锰酸钾/甲醛熏蒸消毒2天，空圈一周后方可进猪。

③ **带猪消毒。**每周用消毒液对猪体及猪舍喷雾消毒1～2次，每立方米空间用消毒液1～2升，喷雾颗粒40～80微米；有疫情或有疫情压力时，可适当增加消毒次数；母猪转入分娩舍前，先用温水洗净后，再用消毒液进行体表消毒；初生仔猪剪耳号、去势，伤口用碘酊消毒，断尾的创口通过灼烧方式消毒；做手术前，先用消毒液清洗术部，手术后用碘酊消毒；母猪临产时，用消毒液清洗乳房和阴部，产仔完毕后，再对母猪后躯、乳房和阴部进行消毒处理，对产房地面应清扫、消毒干净。注射部位通常用2%～5%碘酊消毒，干燥后再注射。

④ **剖检室消毒。**每次使用后，除将尸体装入带有内膜的塑料袋送至无害化处理场处理外，剖检室应立即用高浓度的消毒液彻底消毒。

⑤ **器械消毒。**对注射器、针头、手术器械等，清洗干净后高压灭菌蒸煮30分钟，烘干备用。

（5）疫苗注射。合理的疫苗免疫可以提高猪群抵抗力，有效降低病原微生物对猪群的侵袭。

① 制定符合本场实际的免疫程序。以血清学检测结果为依据，猪场的疾病情况不同，免疫程序亦不相同。因此，猪场应根据自身特点以及当地疫病流行规律，以严格的血清学检测结果为依据，制定出符合本场生产实际的免疫程序，才是科学的免疫程序。

② 定期检测免疫抗体水平。为了监测猪群的健康状况，了解疫苗的免疫效果，应定期对猪群进行抽样和全群检测。如果抗体水平没有达到规定值，应查找、分析原因，及时采取相应的补救措施。

③ 免疫注意事项。疫苗要根据要求的条件进行贮存，稀释后要在2小时内用完；注射器要用蒸馏水清洗，不能用酒精等消毒剂清洗；疫苗注射时应做到一猪一针头；要准备好肾上腺素，用于处理应激猪；同时接种两种疫苗时要分边注射，疫苗注射后若出现流血现象，要进行补注；严格做好免疫记录。

（6）药物预防。除了用疫苗免疫外，在猪病较为多发的时期，使用适当的药物预防某些传染病（细菌性和寄生虫性疫病）也是一项重要措施。但是药物预防也有不足之处：第一增加费用；第二是药三分毒，毒副作用是难免的；第三容易使病菌产生抗药性，为以后的治疗带来不利；第四病毒性疾病，一般的药物预防作用有限。应通过加强生物安全，提高猪只的抗病能力，尽可能减少抗生素等药物的使用，并严格执行休药期，生猪屠宰前7～15天停止用药。

要选择符合无公害猪标准生产的药物，有针对性地选用敏感性较高的药物进行预防。通常是在猪的饲料或饮水中加入某些药物。一种是增强机体抵抗力的药物，如黄芪多糖、电解多维等；一种是防止细菌感染的抗生素类；还有一种是特殊时期的用药，如高温季节的小苏打、大风降温时使用吗啉胍、长途运输时使用抗应激药物等。在饲料和饮水中加入药物一定要慎重，药物的滥用会造成许多不良后果，如耐药菌株的形成、猪体内正常菌群的失调以及猪产品中的药物残留；加入的药物一定要与饲料或饮水充分混匀，因为药物预防剂量都很小，如果不充分混匀，则可能出现因未摄入足量药物而达不到预防效果，有的猪有可能因摄入过量药物而出现中毒。

（7）引种、隔离管理。因猪场疾病情况不同及运输途中存在感染风险，引种是引进疾病的最重要危险因素之一，应采取合理的生物安全措施予以防范。

① 不能从多个种猪场引种。

② 引种前，应对所引后备猪开展蓝耳病、猪瘟、伪狂犬病、口蹄疫的抗体检测及流行性腹泻病毒的抗原检测，以确保引种安全。

③ 用经过严格消毒的车将检测合格的后备猪运至隔离舍后，隔离时间不低于4周，在隔离结束前1周内，应再次进行采样检测。

④ 隔离期检测合格的后备猪，按1 ：10比例，使用淘汰母猪进行混养或使用淘汰母猪的粪便进行接触，混养时间不低于4周。

⑤ 混养后的后备母猪单独饲养期限不低于4周。

⑥ 经上述程序处理后的后备母猪，完成既定免疫程序后，应再次进行采样检测，合格者才能参与配种。

⑦ 在隔离舍工作的饲养员不能到其他猪舍喂猪，其工具也不能与其他舍串用，以免相互传播疾病。

（8）老鼠、苍蝇和鸟类的防护。老鼠、苍蝇和鸟类可传染疾病，给养猪生产带来危害，应严加控制。

① 在场区内老鼠的行进路线上，每隔15米要放置毒饵盒，定时检查是否有毒饵。

② 每季度全场要进行一次全面灭鼠工作。

③ 猪舍要安装防鸟网，及时检查料塔下面有无漏料，防止引来鸟类。

④ 蚊蝇繁殖季节，每月用对猪只无毒害的药物进行灭蝇工作。

（9）病死猪处理。病死猪处理必须按国家有关规定，进行无害化处理。当天应将病死猪用带有内膜的塑料袋送至生物坑、焚尸炉做无害化处理，不能使之接触地面，要填写完整的猪只死亡分析记录；生物坑必须用盖盖严，防止动物或鸟类偷食尸体而引起疾病传播，每月往坑内加一次10%的烧碱溶液100千克，周围用石灰铺洒；参与病死猪处理的人员必须换上专用衣服和鞋子，尸体处理完毕后不得返回猪舍，等第二天洗澡更衣后方可进入；拉运病死猪的车未经严格冲洗、消毒、晾干，不能回生产区；生物坑应远离猪舍100米以上，位于猪舍下风向。

（10）猪群的健康检测与评估。定期对猪群的健康状况进行检测与评估，可对猪场内部的猪病流行态势做到心中有数，以便在采取防范措施时能做到有的放矢。这是猪场生物安全管理措施中不可缺少的重要环节。

① 猪群日常的巡查。每天应两次对猪群进行健康检查，观察采食量、饮

水、精神状态、被毛和皮肤、粪便和尿液等是否发生异常，对发生异常的猪群应及时查找原因，采取对应防范措施。尤其是对病猪，采取下列措施：及时做好标记；仔细检查猪只发病情况，初步判断病因；严重者要挑到病猪栏治疗；跟踪治疗效果，使用超过2种治疗方案无效的，要立即处死。

② **定期开展血清抗体检测**。每季度应对各类猪群，抽血检查蓝耳病、伪狂犬病、猪瘟、圆环病毒2型、流行性腹泻等，监测猪群健康状况。根据抗体变化情况对猪病流行态势进行分析、评估，制订相应防范措施。

（11）售猪管理。售猪过程涉及与外来拉猪车的接触，存在将外来疫病传入的风险，因此，应对整个售猪过程进行严格管理。

① 售猪房/出猪台应建在场区围墙之外，禁止外来运猪车入场。

② 售猪房要配备专门的清洗消毒设备，设置专用排污沟，确保污水不能流回生产区。

③ 售猪房的场内区域与场外区域要严格分开，生产区人员不能进入场外区域。

④ 售猪人员要穿特制颜色的工作服，并单独洗涤消毒。

⑤ 赶到售猪房的猪只不能再返回猪舍继续饲养。

⑥ 拉猪车来场前，应先在指定地点清洗干净并消毒，售猪完成后应立即对售猪房相关设施冲洗消毒，填写消毒记录表。

（12）粪便及污物处理。按国家环保要求安装粪污处理系统，确保达标。不得在场内饲养猫、狗、鸡、鸭等其他动物；场区大门要用遮阳网蒙住下端，每天检查围墙有无损坏，避免猫、狗等小动物入场；对散落地面的饲料，应马上回收或清理干净，以避免鸟类入场进食；每季度末要请专业人员进行4次灭鼠；每周六进行一次卫生大扫除，清理垃圾，防止滋生蚊蝇。

47 非洲猪瘟怎样防控？

非洲猪瘟是由非洲猪瘟病毒引起的猪、野猪的一种急性、热性、高度接触性传染病，各种年龄的猪均易感。非洲猪瘟的主要特征是高热，皮肤和内脏器官严重出血，发病过程短，死亡率可高达100%。该病主要存在于非洲以及欧洲部分地区，我国将其列为一类动物疫病，是重点防控的外来病，但2018年8月沈阳报道了我国第一例非洲猪瘟疫情。非洲猪瘟病毒是非洲猪瘟病毒科中唯一成员，为一种含双股线状DNA病毒，病毒粒子直径约为200纳米，有囊膜。只有1个血清型，但基因多变，基因型多达22个，其中基因型1、型2和型8在其疫情中作用重大。在猪体内，非洲猪瘟病毒可在网状内皮细胞和单核巨噬细胞中复制。该病毒是唯一核酸为DNA的虫媒病毒，可感染钝缘软蜱，并使其成为储存宿主。非洲猪瘟病毒对外界环境抵抗力较强，在血液、粪便和组织中存活时间长达半年，在冻肉中可存活数年。但非洲猪瘟病毒对高温较敏感，加热55℃ 30分钟或60℃ 20分钟病毒即会被杀灭，许多脂溶剂和消毒剂可以将其破坏。

到目前为止，全球还没有可用于免疫的非洲猪瘟疫苗，也没有有效的治疗方法。防控非洲猪瘟的主要方式是加强生物安全措施。

① 严禁从有疫情风险的猪场或区域引进猪、野猪及相关产品，新引进种猪应严格隔离30～45天。

② 建立并严格执行动物防疫制度，做好猪瘟等常发疫病的免疫，采取措施避免家养猪群与野猪接触。

③ 严禁使用未经高温处理的餐馆、食堂泔水或餐余垃圾饲喂生猪。

④ 杜绝家养猪与野猪接触的机会，清除猪场内可能存在的软蜱等昆虫。

⑤ 可对猪群进行非洲猪瘟抗体或/和病原的监测。

⑥ 加强环境卫生消毒，最有效的消毒药物是10%的苯及苯酚，2%的氢氧化钠，含2.0%～2.3%有效氯的次氯酸钠或次氯酸钙，3‰福尔马林，3%邻苯基苯酚和碘混合物也可灭活该病毒。酒精和碘化物适用于人消毒。

48 猪瘟怎样防控？

猪瘟是由猪瘟病毒（CSFV）引起的猪的一种高度接触性、出血性和致死性传染病，世界动物卫生组织（OIE）将其列为必须报告的动物疫病，我国将其列为一类动物疫病。有些国家已消灭了该病，如加拿大、新西兰、西班牙、美国等。但目前猪瘟在东南亚、美洲大陆和欧洲都有流行，东南亚是猪瘟的重灾区。

防控猪瘟的措施有：严禁从有猪瘟的国家和地区引进生猪和猪肉产品。对发生猪瘟的猪群采取紧急措施，立即对猪场进行封锁，扑杀病猪，并无害化处理。然后进行彻底消毒。预防猪瘟通常采用疫苗接种。我国研制成功的猪瘟兔化弱毒疫苗安全有效，无残留毒力，免疫接种4天后即有保护力，是世界公认的好疫苗。疫苗品种有ST传代细胞苗、牛睾丸原代细胞苗及兔体脾淋苗，可根据疫苗中的抗原含量和是否有过敏反应来进行选择。母猪在产前一个月免疫或每年普免两次；公猪每年免疫两次；仔猪可在25～28日龄首免（有条件的猪场应进行母源抗体监测，以确定疫苗首次免疫的时间），并在55～68日龄时进行二免。有条件的种猪场可通过加强免疫、抗体监测和淘汰野毒隐性感染猪，配合严格的生物安全体系建设，实施猪瘟净化。近期被批准上市的"猪瘟病毒E2蛋白重组杆状病毒灭活疫苗（Rb-03株）"免疫接种后可区分免疫猪和野毒感染猪，有利于猪瘟的净化。

49 口蹄疫怎样防控?

口蹄疫俗名"口疮""蹄黄"，是由口蹄疫病毒引起的包括猪在内的偶蹄兽的一种急性、发热性、高度接触性和高度传染性的动物疫病，临诊特征是口腔黏膜、蹄部和乳房皮肤发生水疱和溃烂。本病在世界各地均有发生。口蹄疫发生后，不但疫区动物要扑杀、疫区和非疫区间的活畜和畜产品交易受到严格限制，更为严重的是畜产品国际贸易会立即断绝，从而使有口蹄疫的国家或地区外贸收入和经济发展遭受重大损失。因此，世界动物卫生组织（OIE）将口蹄疫列为必须报告的第一号动物疫病，我国亦将其划入需重点防控、强制免疫的首位一类动物传染病。

口蹄疫在我国已呈地方流行性，国家采取的是强制免疫政策。口蹄疫疫苗品种较多，有O型单价苗和O型+A型二价苗，单价或多价合成肽疫苗，由于不同型以及同型不同流行毒株之间，交叉保护性都比较差，因此，在疫苗选择时应根据区域内口蹄疫的流行情况进行选择。当前有些疫苗生产厂推广的高效浓缩苗由于其抗原含量高并且进行了纯化，其免疫效果要明显优于常规疫苗。推荐的免疫程序：母猪，每年2～3次；后备母猪、年轻公猪，配种前免疫1次；公猪：每4个月接种1次；保育猪：8～9周龄首免（有条件时可进行母源抗体监测，以确定首免日龄）；肥猪：12或13周龄加强免疫1次；遇周围猪场暴发疫情的紧急状况时需要全场加强免疫1次。

加强生物安全管理是预防猪口蹄疫有效的手段。

① 加强运输车辆的管理，进出车辆应严格清洗消毒（条件具备时，可在远离猪场1～3千米的地方设立车辆消洗中心），卖猪时不要让外人和车辆进入猪场，猪场内外运输工具应该分开，屠宰场的车辆返回时应彻底冲洗消毒，进场前应重新消毒，进入猪场的物品应消毒。

② 不要食用外面的猪肉、牛肉和羊肉，生活用肉食本场内自行解决。

③ 禁止饲养员、兽医去农贸市场、屠宰场，出场后回来要进行严格的消毒和隔离。

④ 对病死猪应严格实施无害化处理。

50 猪繁殖与呼吸综合征怎样防控?

猪繁殖与呼吸综合征又称猪蓝耳病，是由猪繁殖与呼吸综合征病毒（猪蓝耳病病毒）引起的猪的一种急性、高度传染的病毒性传染病，以妊娠母猪流产、仔猪和育肥猪发生肺炎为特征。2006年开始在我国出现的由变异株引起的高致病性猪蓝耳病对猪致病性强、传播快，对我国养猪业造成了巨大的损失，被我国政府列为一类动物疫病。

蓝耳病防控的关键是采取生物安全措施、建立阴性种猪场、合理使用疫苗等综合性防控措施。要重视和强化猪场生物安全体系建设，主要包括引种的控制、运输工具的控制和人员的控制等外部生物安全措施；全进全出策略、猪舍的消毒、猪场的饲养管理以及发病猪淘汰等内部生物安全措施。

由于猪蓝耳病灭活疫苗无明确的免疫效果，而活疫苗又可能存在潜在的安全问题，且活疫苗对免疫动物能否产生高的免疫保护力存在着高度的毒株特异性，因此，猪蓝耳病疫苗的使用不能盲从和盲目，而应根据猪场实际情况合理选择。对于种猪场，应构建猪蓝耳病阴性种猪场，阳性种群从减少活苗使用到不使用活疫苗，并通过净化措施，最终构建阴性种群。种公猪站一定要保持阴性，不使用活疫苗。商品猪场应理性使用猪蓝耳病活疫苗，猪蓝耳病活疫苗只适用于阳性/不稳定的猪场和发生疫情的猪场，阳性/稳定的猪场不应使用活疫苗。一个猪场仅使用一种活苗（不同经典株和变异株种毒的疫苗），要选择安全性好的、适合的疫苗。经产且抗体阳性母猪群不免疫（ELISA抗体阳性率80%以上）；阳性猪场的阴性后备母猪或引进的阴性种猪可在配种前1～3月免疫1次。猪群稳定后应停止活苗免疫。

51 伪狂犬病怎样防控？

伪狂犬病是由伪狂犬病病毒引起的家畜及野生动物共患的一种急性传染病。该病可引起妊娠母猪流产、死胎，公猪不育，新生仔猪发热、神经症状、大量死亡，育肥猪呼吸困难、生长停滞等，是危害全球养猪业的重大传染病之一。

加强生物安全措施，严格控制犬、猫、鸟类和其他禽类进入猪场，严格控制人员来往，加强疫苗免疫与血清学监测，可有效防控和净化猪伪狂犬病。

免疫接种是防控猪伪狂犬病的主要手段。目前常用的多为缺失gE基因的弱毒疫苗。基础公母猪每年免疫3～4次，后备猪配种前免疫2次；仔猪出生后24～48小时内滴鼻免疫（滴鼻免疫是伪狂犬病疫苗最有效的免疫方式，可以避免母源抗体的干扰）。育肥猪则根据PRV-gE抗体监测结果进行免疫，种猪场的育肥猪在第10周首次免疫PRV疫苗，3周后留种的育成猪进行第2次免疫。一年后基础母猪根据疫苗公司推荐的免疫程序，在产前4周（28天）免疫，公猪每4个月免疫1次，后备猪免疫2次；育肥猪是否免疫PRV疫苗，根据周边的疫情情况而定。

猪伪狂犬病是目前最具实现净化条件的猪病，伪狂犬病感染抗体阳性率10%以内的种猪场，均可实施猪伪狂犬病的净化，主要措施是加强猪伪狂犬病gE缺失疫苗的免疫，开展血清gE抗体的监测，及时淘汰所有野毒感染（gE抗体阳性）的种猪，同时不断补充检测合格的阴性后备种猪，从而达到全面净化猪伪狂犬病病毒，并最终可以停止疫苗的免疫接种，实现由免疫无疫到不免疫无疫。

52 猪流行性腹泻怎样防控？

猪流行性腹泻是由猪流行性腹泻病毒（PEDV）引起的猪的一种接触性肠

道传染病。该病传播快，分布广。病猪主要表现为呕吐、腹泻和脱水，尤其是10日龄以内的乳猪，发病率和死亡率均非常高，达到50%～80%，有时甚至高达100%。2010年以来出现的PEDV变异株毒力和传染性都明显增加，在中国、韩国、东南亚及美国、墨西哥等国家和地区广泛流行，造成巨大经济损失。

针对猪流行性腹泻应采取综合性防控措施。加强生物安全措施，防止病毒侵入。加强饲养管理，提高猪舍内温度，特别是配怀舍、产房、保育舍。大环境温度配怀舍不低于15℃，产房产前第一周为23℃，分娩第一周为25℃，以后每周降2℃，保育舍第一周28℃，以后每周降2℃，至22℃止；产房小环境借助红外灯和电热板升温，第一周为32℃，以后每周降2℃。猪的饮水温度不低于20℃。将产前2周以上的母猪赶入产房，产房提前加温。加强母猪的护理。猪群一旦发生呕吐、腹泻后应立即封锁发病区和产房，尽量做到全部封锁。扑杀10日龄之内呕吐且水样腹泻的仔猪，切断传染源、保护易感猪群。

本病无特效治疗药物，为缩短病程，降低死亡率，可对患猪进行对症治疗，包括补液、收敛、止泻，用抗菌药防止继发感染。已上市疫苗有猪流行性腹泻猪传染性胃肠炎二联灭活疫苗、猪流行性腹泻猪传染性胃肠炎二联活疫苗、猪流行性腹泻猪传染性胃肠炎轮状病毒三联活疫苗。疫苗主要用于免疫妊娠母猪，仔猪通过母乳可获得保护。选择疫苗时应注意疫苗毒株的匹配性以及病毒含量。必要时，可对仔猪进行免疫。

53　猪圆环病毒病怎样防控？

猪圆环病毒病，或称猪圆环病毒相关疾病，是由猪圆环病毒2型作为基础病原引起的相关疫病的总称，这些相关疫病主要包括断奶仔猪多系统衰竭综合征（PMWS）、猪皮炎肾炎综合征（PNDS）、猪繁殖障碍、猪皮炎和肾病综合征（PDNS）、先天性震颤、猪呼吸道疾病综合征（PRDC）、增生性和坏死性肺炎（PNP）以及肠炎。该病自20世纪90年代被发现以来，在世界范围内流行，给全球养猪业造成了巨大的危害。

本病没有特效治疗药物，需采取综合防控措施进行预防。仔猪断奶后3～4周是预防猪圆环病毒病的关键时期。因此，最有效的方法和措施是尽可能减少对断奶仔猪的刺激。避免过早断奶和断奶后更换饲料，断奶后要继续饲喂断奶前的饲料至少10天；使用抗生素可以减少继发性细菌感染，在断奶仔猪饲料中按每吨饲料中添加1.2千克利高霉素，15%金霉素2.5千克或多西环素150克，阿莫西林150克，连续饲喂15天；并窝并群仔猪日龄差尽量控制在1～2周内；避免在断奶前后使用油乳剂疫苗；降低饲养密度，为仔猪提供舒适的环境。

疫苗免疫可用于猪圆环病毒病的防治。目前上市的疫苗有猪圆环病毒灭活疫苗、猪圆环病毒杆状病毒载体灭活疫苗（Cap蛋白）以及利用大肠杆菌表达Cap蛋白的PCV2亚单位疫苗。疫苗免疫可以预防临床疾病的发生，提高主要生产参数（提高平均日增重和降低死亡率）；免疫猪血清及组织脏器中的病毒载量以及排毒量有明显减少，这在一定程度上有助于减少病毒在环境中的负荷，减少混合感染。而且，不同基因亚型之间有良好的交叉保护，基于PCV2a的疫苗对PCV2b和PCV2d以及基于PCV2b的疫苗对PCV2d均有良好的免疫保护效果。但是，疫苗的应用并不能完全预防PCV2的感染，也没有限制它的传播。现有疫苗对猪皮炎肾病综合征、PCV2繁殖障碍疾病及其他与PCV2有关疾病的预防效果，尚需要得到更进一步的证实。

54 猪细小病毒病怎样防控?

猪细小病毒病是由猪细小病毒引起的猪繁殖障碍性疾病，主要表现为受感染的母猪特别是初产母猪及血清学阴性经产母猪发生流产、不孕、产死胎、畸形胎、木乃伊胎及弱仔等。由于被感染妊娠母猪临床症状不明显，其他猪感染后无明显临床症状，因而该病是以引起胚胎和胎儿感染及死亡而母体本身不显症状为特征的一种母猪繁殖障碍性传染病。该病几乎存在于所有猪场，常危害初产母猪和血清学阴性母猪，同时猪场一旦出现感染，很难根除，严重影响养猪业的发展。

本病以预防为主。在引进种猪时无本病的猪场应进行猪细小病毒的血凝抑制试验检测。当HI滴度在1：26以下或阴性时，方准引种，在配种前1个月接种灭活疫苗。在我国猪细小病毒病商品化疫苗主要是灭活疫苗。在母猪配种前2个月左右注射可预防本病发生，仔猪母源抗体的持续期可达14～24周，在抗体效价大于1：80时可抵抗猪细小病毒的感染。疫苗接种对象主要是初产母猪、经产母猪和公猪。接种前应进行血清抗体检测，血清学检查为阴性时才进行免疫接种。在疫区，对初产母猪在配种前2个月用灭活苗接种，配种前2～4周再次加强免疫，使初产母猪在怀孕前获得主动免疫，以保护胎儿免受感染。种公猪每半年接种疫苗一次。

55 猪乙型脑炎怎样防控？

乙型脑炎又称流行性乙型脑炎，是由日本脑炎病毒（JEV）引起的一种人畜共患传染病，母猪表现为流产、产死胎，公猪发生睾丸炎。猪是日本脑炎病毒（JEV）在自然界最重要的易感动物。

本病目前无特效治疗药，预防可采用乙型脑炎弱毒疫苗。疫苗接种必须在乙脑流行季节前1个月内使用才有效，一般要求4月进行疫苗接种，最迟不宜超过5月中旬。种猪180日龄时第一次免疫，间隔2周进行第二次免疫，经产母猪每年5月上旬进行一次接种免疫。同时应加强宿主动物的管理，消灭传播媒介以灭蚊防蚊为主，尤其是三带喙库蚊。

56 猪支原体肺炎怎样防控？

猪支原体肺炎俗称猪气喘病，又称猪地方流行性肺炎，是由猪肺炎支原体引起的猪的一种慢性呼吸道传染病。主要症状为咳嗽和气喘，病变特征是肺的尖叶、心叶中间叶和膈叶前缘呈肉样或虾肉样实变。本病广泛分布于世界各地，发病率高，死亡率较低。但由于患病猪长期生长发育不良、饲料转化率低，因此，该病对猪场的经济效益影响较大。近年来，由于猪肺炎支原体常与猪蓝耳病病毒、猪圆环病毒、猪链球菌、猪传染性胸膜肺炎放线杆菌等并发或继发感染形成猪呼吸道复合征（PRDC），致使患病猪病情加重，病死率明显上升，经济损失巨大，对养猪业发展带来严重危害。

有效预防或控制猪支原体肺炎主要在于坚持采取综合性防治措施，为猪提供优良的生活环境，如保证圈舍内的空气清新、通风条件良好、环境温度适宜及猪群密度合适，在疫区以康复母猪培育无病后代，建立健康猪群。主要措施如下：自然分娩或剖腹取胎，以人工哺乳或健康母猪带仔法培育健康仔猪，配合消毒切断传播因素。仔猪按窝隔离，防止窜栏。育肥猪和断奶小猪分舍饲养。利用各种检疫方法清除病猪和可疑病猪，逐步扩大健康猪群。未发病地区和猪场的主要措施：坚持自繁自养，如必须引进时，一定要严格隔离和检疫。加强饲养管理，做好兽医卫生工作，推广人工授精，避免母猪与种公猪直接接触，保护健康母猪群。

猪支原体肺炎商业化的疫苗包括江苏省农业科学院和中国兽医药品监察所研制的活疫苗（168株和RM48株），以及国内外多家公司生产的灭活疫苗。猪支原体肺炎活疫苗（168弱毒株）仔猪5～7日龄肺内注射，免疫期可达6个月以上。灭活苗在仔猪7日龄和21日龄进行两次免疫接种，肌内注射。

治疗时，用氟本尼考以每千克体重20～30毫克每2～3天一次胸腔肺部注射，每2次为一疗程，可获得理想疗效。土霉素以每千克体重40～50毫克每2～3天注射1次，每5次为一疗程，可获得良好效果。兽用卡那霉素按每千克体重3万～4万单位肌肉注射，每天一次，连续5天为一疗程，必要时进行2～3疗程。林可霉素，每吨饲料加入200克，连续喂3周，或按每千克体重50毫克，进行肌内注射，5天为1个疗程，也有一定效果。泰乐菌素每千克体重4～9毫克，进行肌内注射，3天为1个疗程。壮观霉素，按每千克体重40毫克，每天肌内注射1次，5天为1个疗程。上述几种药物对治疗猪气喘病均有一定疗效。泰妙菌素按每100千克饲料添加250克，保育猪连用一个月，或保育猪转入生长舍后连用14天；母猪按每100千克哺乳母猪饲料中加500克，于产前、产后各连用7天，可预防猪支原体肺炎和控制呼吸道疾病综合征。药物治疗虽能缓解疾病症状，降低发病率，但很难根除体内已经感染的支原体，不能阻止再感染，停药后往往会出现复发。磺胺类药物，青霉素、链霉素及红霉素对猪支原体肺炎的治疗不起作用。

猪场猪支原体肺炎的净化方法主要有完全减群后重扩群、全群检测后清阳性群、瑞士减群法、程序性用药、早期药物隔离断奶技术、封群、疫苗免疫等。其中完全减群后用阴性群重扩群是最直接、最彻底的方法，并且能一次性净化多种病原，但是这种方法成本较高，且有较高的再次暴发的风险；而全群检测后清阳性群的方法虽然可以用来净化有较好疫苗的病原，但不适用于净化猪肺炎支原体；瑞士减群法是瑞士首先使用的一种净化猪肺炎支原体的方法，也叫不完全减群法，其净化效果较好且可以根据猪场的实际情况进行必要的调整，已在多个国家使用。

瑞士减群法通用净化程序主要包含以下3个步骤。

① 从感染猪群中移走所有小于10月龄的猪（包括哺乳仔猪、断奶仔猪、生长猪和育肥猪），只保留大于10月龄的种猪（公猪和母猪），并且保证猪场在接下来的至少14天时间内没有新生仔猪。

② 药物治疗。在14天的时间内，在饲料或饮水中添加适合的抗生素。

③ 所有空猪舍和猪栏充分清洁和消毒。上述过程持续至少14天后停止使用抗生素并且恢复生产。

57 猪传染性胸膜肺炎怎样防控?

猪传染性胸膜肺炎是由传染性胸膜肺炎放射杆菌引起的猪的高度传染性呼吸道疾病，以急性出血性纤维素性坏死性胸膜肺炎和慢性纤维素性坏死性胸膜肺炎为特征。急性病猪死亡率高，慢性病例一般能耐过。本病分布广泛，在很多国家流行，我国也有相关发病报道。其重要性随着养猪业的规模化而增加，急性暴发引起死亡，造成经济损失，是危害现代养猪业的重要疫病之一。

针对该病的防控措施包括：加强饲养管理，严格卫生消毒措施，注意通风换气，保持舍内空气清新。减少各种应激因素的影响，保持猪群足够均衡的营养水平。加强猪场的生物安全措施。从无病猪场转入公猪或后备母猪，防止转入带菌猪；采用“全进全出”饲养方式，出猪后栏舍彻底清洁消毒，空栏1周才重新使用。新引进猪时，应隔离一段时间再逐渐混入较好。对已有本病的猪场应定期进行血清学检查，清除血清学阳性带菌猪，并制定药物防治计划，逐步建立健康猪群。在混群、疫苗注射或长途运输前1～2天，应投喂敏感的抗菌药物，如在饲料中添加适量的磺胺类药物或泰妙菌素、泰乐菌素、新霉素、林肯霉素和壮观霉素等抗生素，进行药物预防，可控制猪群发病。

由于胸膜肺炎放线杆菌极易产生耐药性，因此本病临床抗生素治疗效果往往不明显。猪群发病时，应以解除呼吸困难和抗菌为原则进行治疗，并要使用足够剂量的抗生素和保持足够长的疗程。本病早期治疗可收到较好的效果，但应结合药敏试验结果选择抗菌药物。一般可用青霉素、新霉素、四环素、泰妙菌素、泰乐菌素、磺胺类等。对发病猪采用注射效果较好，对发病猪群可在饲料中适当添加大剂量的抗生素有利于控制疫情，每吨饲料添加土霉素600克，连用3～5天，或每吨饲料加利高霉素（林肯霉素+壮观霉素）500～1000克，连用5～7天，或用泰乐菌素（每吨饲料500～1000克）、4-磺胺嘧啶（每吨饲料1000克），连用1周，可防止新的病例出现。抗生素虽可降低死亡率，但经治疗的病猪常仍为带菌者。药物治疗对慢性型病猪效果不理想。

已有商品化的灭活疫苗用于本病的免疫接种。一般在5～8周龄时首免，2～3周后二免。母猪在产前4周进行免疫接种。由于不同血清型之间交叉免疫保护效果较差，因此应根据猪场及区域内主要流行血清型选择相匹配的灭活疫苗，才能获得较好的免疫效果。国内目前可供选择的有针对血清1型、2型、3型和7型的单价和多价疫苗。

58 猪链球菌病怎样防控?

猪链球菌病是由多个血清群链球菌感染所引起的多种疾病的总称，主要表现为急性死亡、脑膜炎、败血症、关节炎、心内膜炎、化脓性淋巴结炎等。本病广泛发生于各养猪业发达的国家，是猪的一种常见病，给养猪业带来较大的经济损失。而且，猪链球菌2型等多种猪链球菌还可引起屠宰工人等特定人群的发病和死亡，是重要的人畜共患病原菌，在公共卫生上具有重要意义。

防控本病应加强生物安全控制。猪场应实行多点式饲养，坚持“全进全出”制度，防止各类猪只交叉感染，特别要注意母猪对仔猪的传染。加强饲养管理，搞好猪舍内外的环境卫生，猪舍要保持清洁干燥，通风良好；猪群的饲养密度要适中，特别是仔猪的饲养密度不可过大；猪舍每周应坚持用百毒杀或菌毒敌等高效消毒剂进行喷雾消毒。仔猪断脐、剪牙、断尾、打耳号等要严格用碘酊消毒，当发生外伤时要及时按外科方法进行处理，防止伤口感染病菌，引发本病。猪场严禁饲养猫、犬和其他动物，彻底消灭鼠类和吸血昆虫（蚊、蝇等），控制传递媒介传播病原体，可有效防止本病的发生与流行。

青霉素、阿莫西林、氨苄西林等抗生素对猪链球菌病有较好的预防和治疗效果。在每吨饲粮中添加多西环素150克和阿莫西林200克，连续饲喂14天，可有效预防本病的发生。治疗：如已分离出病原菌，可进行药敏试验，选用最有效的抗菌药物治疗；同时，可按不同病型进行对症治疗。对败血症型及脑膜脑炎型，应早期大剂量使用抗生素，青霉素和地塞米松，阿莫西林和庆大霉素等联合应用都有良好效果。淋巴结脓肿型，待脓肿成熟后，及时切开，排除脓汁，用3%过氧化氢或0.1%高锰酸钾液冲洗后，涂以碘酊。

在猪链球菌病高发区域，可进行疫苗接种。疫苗的免疫效力虽然有时不十分确实，但可以肯定的是免疫可以有效降低猪链球菌病的发生率，尤其对败血症型和脑膜脑炎型链球菌十分明显。目前应用的猪链球菌病疫苗有猪链球菌病活疫苗（C群链球菌）、猪链球菌2型灭活疫苗、猪链球菌病灭活疫苗（马链球菌兽疫亚种+猪链球菌2型）及猪链球菌灭活疫苗（马链球菌兽疫亚种+猪链球菌2型+猪链球菌7型）等。灭活疫苗一般需两次免疫，仔猪每次肌内注射2毫升，母猪每次接种3毫升；仔猪在21～28日龄首免，之后20～30天按同剂量进行第2次免疫。母猪在产前45天首免，产前30天按同剂量进行第2次免疫。活疫苗每头份加入20%铝胶生理盐水1毫升稀释溶解，断奶后的仔猪至成年猪，一律每猪肌内或皮下注射1毫升；注苗前后各1周内，均不可使用各种抗生素，否则影响免疫效果，造成免疫失败。该苗免疫后7天产生免疫力，免疫期6个月。

 副猪嗜血杆菌病怎样防控？

副猪嗜血杆菌病，又称格拉泽氏病或革拉泽氏病（Glasser's disease），是由副猪嗜血杆菌（Haemophilus parasuis，HPs）引起的猪的一种急性、热性传染病，表现为猪的多发性浆膜炎、关节炎、纤维素性胸膜炎和脑膜炎等。在全球范围影响着养猪业的发展，是当前猪场最为重要的细菌病之一。

针对本病的防控措施包括：加强饲养管理与环境消毒，减少各种应激，在疾病流行期间，有条件的猪场仔猪断奶时可暂不混群，对混群的一定要严格把关，把病猪集中隔离在同一猪舍，对断奶后保育猪“分级饲养”，加强PRRS、PCV–2等疫苗的免疫。注意保温和温差的变化；在猪群断奶、转群、混群或运输前后可在饮水中加一些抗应激的药物如维生素C等。

可使用药物或疫苗进行预防。母猪产前、产后各连续使用7天，爱乐新30毫升/千克+阿莫西林250毫克/千克，盐酸林可霉素22克/千克+硫酸壮观霉素

22克/千克，枝原净100毫克/千克+金霉素300毫克/千克+阿莫西林250毫克/千克。保育仔猪断奶换料后连用7天，爱乐新25毫克/千克+阿莫西林250毫克/千克，盐酸林可霉素22克/千克+硫酸壮观霉素22克/千克，枝原净100毫克/千克+金霉素300毫克/千克+阿莫西林250毫克/千克。猪副嗜血杆菌多价灭活苗（4型+5型），母猪产前3～4个月接种后，可保护4周龄内的仔猪。仔猪4周龄和6～7周龄各接种1次。疫苗仅能对同型菌株产生较好的免疫保护，目前还没有一种灭活菌苗能同时预防所有分离菌株。

当有猪发病时，应及时隔离治疗，对副猪嗜血杆菌较敏感染的药物有5%头孢菌素、青霉素、氨必西林、氟甲砜、庆大霉素、壮观霉素、增效磺胺、枝原净等，可根据药敏结果选择用药。抗生素预防或口服药物治疗对严重副猪嗜血杆菌暴发可能无效。

猪丹毒怎样防控？

猪丹毒是由猪丹毒杆菌引起的一种急性、热性传染病。病程多为急性败血型或亚急性的疹块型，转为慢性的多为关节炎型和心内膜炎型。该病为人畜共患病，人感染后手部的皮肤出疹，称为类丹毒。猪丹毒广泛流行于世界各地，对养猪业危害很大。近年来，猪丹毒在我国部分地区呈现重新抬头的趋势。

定期预防接种是防制本病最有效的办法。目前国内常用弱毒疫苗GT（10）及GC42，灭活苗有猪丹毒氢氧化铝甲醛菌苗，免疫期均为6个月。GC42可用于注射或口服。联苗有猪瘟—猪丹毒二联弱毒苗及猪瘟—猪丹毒—猪肺疫三联弱毒苗。仔猪免疫于断奶后进行，以后每隔6个月免疫一次。对发病猪群进行隔离治疗。猪场要认真消毒。烧毁或堆积发酵粪便和垫草。深埋病猪尸体和内脏器官。

猪丹毒对青霉素高度敏感，对金霉素、土霉素、四环素也相当敏感。对败血型病猪，用青霉素按每千克体重10000单位静脉注射，同时肌内注射常规量青霉素。以后按抗生素常规疗法，直到病猪体温下降至正常，食欲恢复。不能过早停药，防止复发或转为慢性。

第七章 粪污资源化利用

61 实现畜禽粪污资源化利用有什么意义?

粪污是动物生长过程中产生粪、尿及其形成污水的统称。改革开放以来，我国畜禽养殖业持续快速发展并不断走向规模化。畜禽动物大量养殖，必然伴随数量巨大的粪污产生。长期以来，由于畜禽粪污处置不善，畜禽养殖污染问题已经成为我国环境治理的一个巨大难题，也成为制约畜牧业发展的重要瓶颈。

我国自古就有积肥造肥的传统，历经千载而“地力常壮”，其中畜禽粪尿就是重要的肥源，发挥了不可替代的作用。大量研究表明，粪污中含有丰富的有机物、氮（N）、磷（P）等对土壤性状改善和农作物生长有益的养分。合理施用粪肥，不仅可以促进作物生长，对农产品品质提升和土壤结构改善、地力提升，均具有十分重要的作用。

我国人多地少，人均耕地面积不足世界人均的40%，为了满足粮食消费需求，不仅农田复种指数显著增加，而且大量使用化学肥料，经过多年积累，导致土壤板结酸化，农产品品质下降，并显著增加了土壤氮磷流失，加重了面源污染（图7–1和图7–2）。

图7–1　粪污污染农村河道

以粪肥为代表的有机肥

（图7-3）与化肥相比，具有营养全面、肥效长、易于被作物吸收、能够改良土壤性质与平衡持久地供应养分等优点，有机肥与化肥配施，对提高作物产量和品质、防病抗逆、改良土壤等具有显著功效，同时对缓解我国化肥供应中氮、磷、钾比例失调，解决我国磷、钾资源不足，促进养分平衡，都具有重要作用。

图7-2　板结的土壤

图7-3　粪便有机肥

62 养猪场粪污清理方式主要有哪些？

目前，常见的猪舍粪污清理方式一般为人工干清粪、机械干清粪、水泡粪清粪、水冲粪。由于水冲粪耗水量大、不利于后续的处理，不予推荐。

（1）人工干清粪。人工清粪，即依靠人工利用清扫工具将猪舍内的粪便清扫收集，再由机动车或人力车运到集粪场。人工清粪只需一些清扫工具、人工清粪车等，设备简单，无能耗，一次性投资少，还可以做到粪尿分离，便于后续的粪尿处理。其缺陷是劳动量大，生产效率低。人工清粪方式主要用于小型养殖场或养殖户。

（2）机械干清粪。机械清粪，即采用专用的机械设备进行清粪。猪场常用清粪机有链式刮板清粪机和往复式刮板清粪机等。

链式刮板清粪机由链刮板、驱动装置、导向轮和张紧装置等部分组成。工作时，驱动装置带动链子在粪沟内做单向运动，装在链节上的刮板将粪便带到舍端的小集粪坑内，然后由倾斜升运器将粪便提升起并装入运粪拖车运至集粪场。链式刮板清粪机一般安装在猪舍的敞开式粪沟（明沟）中，即在猪栏的外面设尿沟，猪尿自动流入尿沟，猪粪由人工清扫至粪沟中。

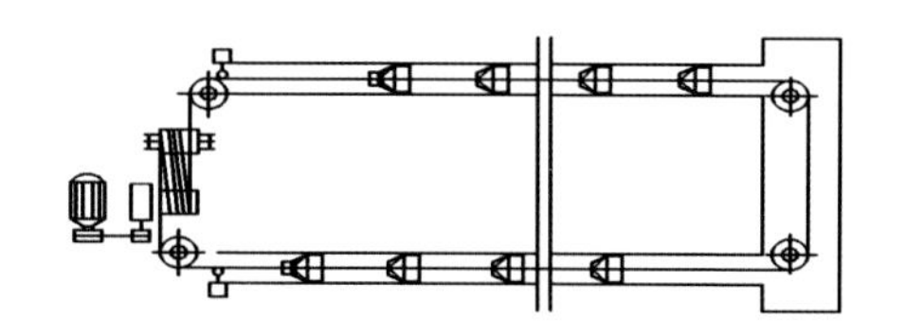
图 7-4　往复式刮粪设备（示意图）

往复式刮板清粪机（图7-4）装在敞开式粪沟或漏缝地板下面的粪沟中。粪沟的宽度为1.0 ～ 1.8米，深度为0.3 ～ 0.4米（断面形状及尺寸要与滑架及刮板相适应），排尿管直径为0.1 ～ 0.2米。在排尿管上开有一通长的缝，猪尿及冲洗猪栏的废水从长缝中流入排尿管，然后流向舍外的排污管道中，猪粪则留在粪沟内（图7-5）。为避免缝隙被粪堵塞，刮粪板上焊有竖直钢板插入缝中，在刮粪的同时可疏通该缝隙。

图 7-5　猪舍粪沟双导尿管安装

随着技术的发展，机械清粪方式越来越多。机械清粪的缺点是一次性投资较大，运行维护费用较高，适合规模化养殖场。

（3）水泡粪清粪。水泡粪清粪（也称自流式清粪），它是在缝隙地板下设粪沟（图7-6），粪沟底部做成一定的坡度，粪便在冲洗猪舍水的浸泡和稀释下成为粪液（粪水混合物），在自身重力作用下流向端部的横向粪沟，待沟内积存的粪污达到一定程度时（夏天1 ～ 2个月，冬天2 ～ 3个月）提起沟端的闸板排放。这种清粪方式虽可提高劳动效率，降低劳动强度，但耗水耗能较多，舍内卫生状况变差（潮湿、有害气体浓度提高），更主要的是，粪中的可溶性有机物溶于水，使水中污染物浓度增高，显著增加了污水处理难度。

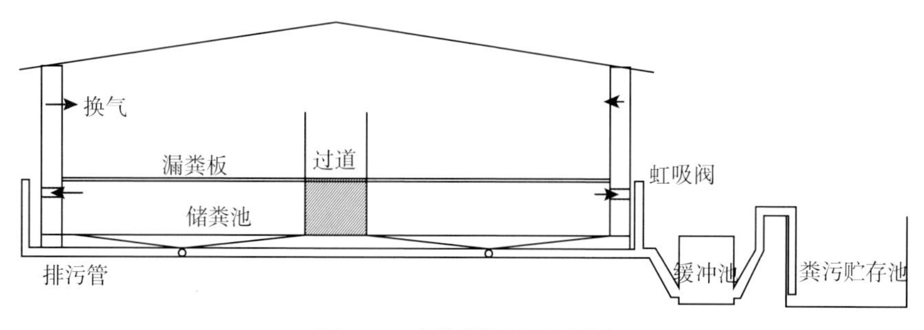

图 7-6　水泡粪工艺示意图

63 猪舍中有哪些有害气体，有什么危害？

通风不佳的猪舍，其最明显的特征就是臭味浓重，主要有害气体为氨（NH_3）、硫化氢（H_2S）、二氧化碳（CO_2）、一氧化碳（CO）。

（1）CO_2。猪舍空气中的CO_2主要来自猪的呼出气（一头100千克的育肥猪每小时可呼出39升CO_2），通风良好的猪舍CO_2浓度在0.06%～0.18%，通风不良时可达0.4%。CO_2本身无毒，但浓度高且作用时间长时，会使猪缺氧，表现为乏力、精神不振、食欲减退、增重迟缓、发病率提高。在生产条件下CO_2浓度一般不会达到危害程度，但CO_2浓度却可以表明猪舍空气卫生的状况，当其浓度超标时，说明其他有害气体和水汽含量可能过高，猪舍空气的CO_2浓度应不超过4毫克/升。

（2）NH_3。猪舍中的NH_3主要来自粪尿、饲料、垫料等含氮有机物的分解，特别是在厌氧条件下的腐败分解，猪舍NH_3含量一般在8～46毫克/米^3，高者可达200毫克/米^{3}甚至更高。不及时清粪和更换垫草、采用水泡粪清粪、地面蓄积粪尿污物、排水系统不畅、通风不良等，都会使舍内NH_3浓度大大提高。NH_3具有强烈的挥发性，对眼、上呼吸道黏膜产生刺激，进入血液可结合血红蛋白造成组织缺氧，浓度高时造成NH_3中毒。而长期处于低浓度NH_3的环境，猪只体质变弱，对某些疾病产生敏感，采食量、日增重及生产力都下降，也就是NH_3的慢性中毒。猪舍NH_3浓度应不高于20毫克/米^3。

（3）H_2S。猪舍中的H_2S主要来自粪尿、饲料、垫料等含硫有机物的分解，特别是厌氧腐解，当猪采食高蛋白饲粮和消化不良时，可产生并排出大量H_2S。H_2S对猪只健康的影响与NH_3很相像，但机理不同，H_2S结合黏膜中Na^+形成Na_2S，具更强烈刺激性。进入血液结合细胞色素氧化酶Fe^{3+}，导致细胞不能正常呼吸，缺氧死亡。猪只长时间处于H_2S中，体质减弱，肥育率下降，高浓度硫化氢导致中枢麻痹甚至死亡。猪舍空气中的H_2S含量不得高于10毫克/米^3。

因此对于养猪场，需要安装排气、换气设备，避免有毒有害气体积累，对人畜产生危害。常用的猪舍换气和除臭设备有排风扇、湿帘、生物滤池、臭氧发生器、光氧化装置等（图7-7）。

图 7-7　养殖场换气设备

64　规模化养猪场最高允许排水量与粪污储存池容量各多少？

2018年1月，农业部印发的《畜禽规模养殖场粪污资源化利用设施建设规范（试行）》的通知（以下简称《通知》），对规模化养殖场清粪工艺的排水量、畜禽粪污液体和全量粪污的贮存和处理利用都做了详细要求。

（1）不同清粪工艺最高允许排水量。《通知》指出畜禽规模化养殖场宜采用干清粪工艺。采用水泡粪清粪的，要控制用水量，减少粪污产生总量。鼓励将水冲粪改造为干清粪工艺或水泡粪清粪。不同畜种不同清粪工艺最高允许排水量排放标准规定如下：

规模化养殖场冲水工艺最高允许排水量为冬季2.5米^3/（百头·天），夏季3.5米^3/（百头·天）；规模化畜禽养殖业干清粪工艺最高允许排水量为冬季1.2米^3/（百头·天），夏季1.8米^3/（百头·天）（注：废水最高允许排放量的单位中，百头、千只均指存栏数。春、秋季废水最高允许排放量按冬、夏两季的平均值计算）。

（2）猪场粪污储存池容量。液体或全量粪污通过氧化塘、存池等进行无害化处理的，氧化塘、贮存池容积不小于单位畜禽日粪污产生量（米^3）×贮存周期（天）× 设计存栏量（头）。单位畜禽粪污日产生量推荐值为：生猪0.01

米^3，具体可根据养殖场实际情况核定。

65 雨污怎样分流？

养殖场产生的粪便是农田优质的肥料来源。由于畜禽粪污化学需氧量（COD）、氮（N）、磷（P）含量高，如果粪污被雨水带出场外，将严重威胁周围生活环境及水体环境。如果雨水混入粪污进入后期处理设备，同样也会对养殖场配备的污水处理设施产生严重的冲击。雨污分流，是一种排水方法，是指将雨水和污水分开，用不同管道进行输送，通常雨水用明管，污水用暗管。雨水通过雨水管网收集，可直接排放或回收利用；污水通过污水管网收集，必须经过无害化处理后还田利用或净化达标排放，禁止不经处理直接排入环境（图7-8）。雨水的收集利用，可有效降低后续污水处理量，降低污水处理成本，提高处理效率。

图7-8 地面雨污分流养殖场

污水管埋管深度应达到冬季冻土层以下，可用水泥管和PVC管作为管道，每间隔15～20米设置1个沉渣井。采用自流式粪污管道，铺设坡度不小于2%；雨水沟可采用方形明沟，深度为30厘米，沟底有1%～2%的坡度，上口宽30～60厘米，要防止污水流入。对于地面无法改造，且猪舍顶部面积较大的养猪场，也可采用屋檐下收集雨水的方式，即所谓的“天沟”（图7-9），在具有坡度的屋檐下架设雨水槽，收集猪舍顶部的雨水。收集后的雨水可直接排向农田和坑塘，应避免直接排入河道，也可流入专门的水窖以备生产使用。养殖场实行雨污分流，能大大减少养殖污水的排放，畜禽粪污通过污水管网收集后进入沼气工程或者粪污贮存池，进行厌氧发酵处理，使之“变废为宝”，成为深受农民喜爱的有机肥。

图 7-9　雨水收集“天沟”

66　粪污贮存有哪些要求？

一般而言，养殖场粪污很难做到即出即清，需要对粪污进行一定时期的贮存。贮存液体粪污的贮存池可根据养殖场地形特点，利用天然或人工挖掘的土坑、沟渠作为地下贮存；也可利用或建造地上贮存构筑物。一般多采用地下贮存方式。地下贮存池通常可设计成矩形（图7-10），但也可以是圆形或其他实用并易于操作和维护管理的形状。其池底坡度可设计成（1.5～3）：1（水平：垂直）。相对于基础而言，总坡度（池内加池外）不应低于5：1。在进行坡度设计时应当考虑土壤特征、安全性、操作和维护方便等。基础上部的最小宽度应为200毫米；为便于输送机、喷洒设备及便携泵的操作，宽度应设计大些。贮存池容积应包含贮存期间粪污贮存所占容积和地表径流（减去蒸发量），并有300毫米的超高。除废物量外，无盖废物贮存池应当提供一定的深度并将在贮存期内蒸发量远小于降雨量、25年一遇降雨、24小时连续降雨等因素考虑在内。粪污可以贮存在地上或地下贮存池内，粪污贮存池可以用金属、混凝土或木制原料制成。

图7-10　一种地下式粪污贮存池

粪污贮存设施也可分为舍内贮存池和舍外贮存池两种（图7-11和图7-12）。舍内贮存模式的特点是集粪污收集与贮存于一体，节水节能，节省劳动力，无须在舍外再建粪污贮存池，但也存在基础建设成本高、需与猪舍统一规划设计等限制条件，适合于大型新建养猪场采用。舍外贮存模式同样具有节水节能和粪污收集方便等特点，与舍内贮存模式相比，节省了猪舍投资成本，但需要再配套建设舍外贮存池，以满足粪污存储需求。从粪肥利用角度来看，舍外贮存模式灵活性较好，适合于中小规模养殖场或部分改造型养殖场采用。

图7-11　舍内贮存池

图7-12　舍外贮存池

粪污贮存时间一般由两个因素决定，一个是饲养周期，另一个是粪肥利用季节。从饲养周期来看，国内规模化养猪场从仔猪进栏到出栏一般饲养150～180天，对应的尿泡粪贮存时间为5～6个月。从粪肥利用时间来看，大田作物基肥施用时间以9—10月和2—4月为主，施肥间隔期为6个月。

67 如何利用猪粪污制取沼气？

畜禽粪污经厌氧发酵制取沼气，是一种粪污能源化利用的重要方式。沼气的主要成分是甲烷，它是一种发热量很高的可燃气体，其热值约为37.84千焦/升。沼气是一种优质气体燃料，可供做饭、取暖燃烧用，也可用于发电，具有显著的能源效益。沼气发酵是产沼气微生物在厌氧条件下，将有机质通过复杂的分解代谢，最终产生沼气和污泥的过程。由于沼气发酵除要求厌氧外，还要求水中有机质的含量和种类、环境温度和酸碱度等条件相对稳定，发酵时间较长（以天计算），一般发酵装置的容量为日粪污排放量的10～30倍，故一次性投资较大。但是，沼气发酵能处理含高浓度有机质的污水，自身耗能少，运行费用低，而且沼气是极好的无污染的燃料，沼渣、沼液也是极好的肥料和饲料，因此被广泛应用。

随着沼气厌氧发酵技术的不断改进，已由最初的水压式发展到较先进的浮罩式、集气罩式、干湿分离式和太阳能式等池型；开始应用干发酵、两步发酵、干湿结合发酵、太阳能加热发酵等发酵工艺新技术；由小型沼气池逐步向发酵罐（图7-13）、大中型集中供气沼气发酵工程发展。除了发酵罐之外，目前HDPE膜发酵也开始大面积推广（图7-14）。

图 7-13　厌氧发酵罐

图 7-14　HDPE 膜发酵

根据经验，每千克猪粪的干物质（TS）含量大约是20%，猪粪的产气率是每千克干物质0.3米^3，那么1吨猪粪的产气量约为Q=1000×20%×0.3=60米^{3}沼气。但不同的沼气工程对于进料方式、水力停留时间（HRT）、气体收集方式等操作区别较大。

68 厌氧反应器有哪些？

在畜禽粪污厌氧处理中，厌氧塘、厌氧消化池、厌氧接触反应器、厌氧滤池、升流式厌氧污泥床反应器及复合反应器等获得了较广泛的应用。

（1）厌氧塘。处理畜禽废水最常用的厌氧工艺是厌氧塘，常采用一级或二级厌氧塘。有关厌氧塘的工艺设计参数请参照相关资料。设计和管理是保持厌氧塘气味在可接受阈值的关键。

（2）厌氧消化池。传统的厌氧消化池属于完全混合反应器，借助消化池内的厌氧活性污泥来净化有机污染物。被处理液料从池子上部或顶部投入池内，经与池中原有的厌氧活性污泥混合和接触后，通过厌氧微生物的吸附、吸收和生物降解作用，使液料中的有机污染物转化为以甲脘（CH_4）和二氧化碳（CO_2）为主的气体（俗称沼气）。经消化的污泥和污水分别从消化池底部和上部排出，所产生的沼气从顶部排出（图7-15）。

图 7-15 一种简单的厌氧消化池

（3）厌氧接触反应器。厌氧接触工艺（Anaerobic Contact Process）是普通消化池的一种简单改进，该工艺是将普通厌氧消化池和沉淀池串联使用，由消化池排出的混合液首先在沉淀池中进行固液分离，污水由沉淀池上部排出，所沉下的污泥回流至消化池。这样既避免了污泥流失，又提高了消化池内的污泥浓度，从而在一定程度上提高了反应器的有机负荷和处理效率。厌氧接触工艺的水力停留时间和污泥停留时间完全分离，与普通消化池相比，其水力停留时间可大大缩短。厌氧接触工艺在中温条件下（25～40℃），其容积负荷范围为1～5千克COD/（米^3·天），HRT约为10～20天。生产实践表明，在低负荷或中负荷条件下，厌氧接触工艺允许污水中含有较多的悬浮固体，具有较大的缓冲能力，生产过程比较稳定，耐冲击负荷，操作较为简单。厌氧接触反应器（图7-16）在畜禽粪污处理中也有许多成功应用的工程实例，如浙江鄞州区某猪粪粪污处理工程采用池容为300米^{3}的厌氧接触反应器，发酵温度控制在35～38℃，对COD的去除率达到89%，厌氧装置的产气率为1.7～2.2米^3/（米^3·天）。

图7-16　厌氧接触反应器实例

（4）厌氧滤池。厌氧滤池（AF）是在反应器内充填各种类型的固体填料，如卵石、炉渣、瓷环、塑料等来处理废水。厌氧滤池（图7-17）分为上流式和下流式。当有机物的浓度和性质适宜时，采用的有机负荷COD可高达5～10千克/（米^3·天）。污水在流动过程中与生长在填料上的厌氧细菌相接触；因为细菌生长在填料上，不随出水流失。在短的水力停留时间下可取得长的污泥龄，平均细胞生长时间可达100天以上。其缺点是如采用的填料不当，在污水中悬浮物较多的情况下，容易发生短路和堵塞，这也是厌氧滤池工艺不能迅速推广的原因。

图7-17 厌氧滤池

(5)升流式厌氧污泥床反应器。升流式厌氧污泥床(Upflow Anaerobic Sludge Bed,简称UASB),废水通过进水分配系统进入反应器的底部,并向上流过絮状或颗粒状厌氧污泥床(生物浓度60～70克/升)。溶解性COD被很快转化为富含甲烷的沼气,产生的沼气引起污泥床扰动并带动部分污泥上浮与上向流水一起形成上向流。污泥颗粒上升撞击到脱气挡板的底部,这引起附着气泡的释放。自由气体和从污泥颗粒释放的气体被收集排出反应器。沉淀区可以进行有效的脱气,密实的颗粒污泥微粒脱离附着气泡而沉入污泥层。UASB反应器(图7-18)内持有高浓度的活性生物,从而保证了反应器的高容积负荷[10～15千克COD/(米^3·天)],即短的水力停留时间(大多数HRT小于48小时)。UASB工艺的启动和运行取决于在反应器内培养形成的密实的颗粒污泥(1～4毫米)。进入水中的悬浮固体在反应器内的积累是UASB反应器运

图7-18 UASB反应器

行的主要问题，也降低了反应器的能力。目前，在大型的畜禽粪污厌氧处理工程中，UASB反应器成为主流的厌氧处理工艺。

如何对猪粪进行堆肥处理？

堆肥是在人工控制的好氧条件下，在一定水分、C/N比和通风条件下，通过微生物的发酵作用，将对环境有潜在危害的有机质转变为无害的有机肥料的过程。在这个过程中，有机物由不稳定状态转化为稳定的腐殖质物质。这一过程的产物称为堆肥产品。

在堆肥过程中，伴随着有机物分解和腐殖质形成的过程，堆肥的材料在体积和重量上发生了明显的变化，通常由于碳素等挥发性成分分解转化，重量和体积均会减少1/2左右。

（1）自然堆沤发酵。将经过预处理的物料堆成长、宽、高分别为10～15米、2～4米、1.5～2米的条垛，在20℃、15～20天的腐熟期内，将垛堆翻倒1～2次，起供氧、散热和使发酵均匀的作用，此后静置堆放3～5个月即可完全腐熟。为加快发酵速度和免去翻垛的劳动，可在垛底设打孔的供风管，用鼓风机在堆垛之后的20天内经常强制通风，此后静置堆放2～4个月即可完全腐熟。此法成本低，占地面积大，处理时间长，易受天气的影响，对地表水及地下水易造成污染。由于翻堆次数少，发酵不均匀也不彻底，堆放时间长。

（2）好氧高温发酵。这是目前采用较多的发酵方式。好氧高温发酵对有机物分解快，降解彻底，发酵均匀。发酵温度高，一般在55～65℃，高的可达70℃以上。脱水速度快，脱水率高，发酵周期短。经试验一般经15天左右高温发酵，畜禽粪便含水率即从70%～80%降至40%～50%，杀灭病菌、寄生虫卵和杂草种子及除臭效果好。但起始发酵适宜的粪料含水率为55%～65%。通常的好氧高温发酵有槽式堆肥和条垛式堆肥（图7-19），目前新型的容器式堆肥

图7-19　条垛式堆肥

（图 7-20）、膜式堆肥也已开始大量使用。

图 7-20　立式容器式堆肥

70 猪粪有机肥有哪些好处?

有机肥的特点是有机质含量高、养分全面和肥效长，施用有机肥能起到改良土壤、维持地力、提高农产品品质的作用（图 7-21）。有机肥的好处主要体现在以下几个方面。

图 7-21　有机肥种植

（1）施用有机肥可以改善土壤理化性状。有机肥施入土壤后，除了可直接增加有机质外，还能影响土壤的通气性、透水性和蓄水性，进而提高土壤的水肥调控能力和肥力水平，最终增强土壤保水保肥的能力。

（2）施用有机肥可为作物生长提供全面的养分。有机肥不仅含有作物生长所必需的氮、磷、钾等大量元素，又含有硫、锌、铜、镁、铁、猛、硼等微量元素，有机肥的营养元素与化肥相比更加全面，且肥效持续时间长。因此，将有机肥和化肥混合施用可以取长补短。

（3）施用有机肥可提高肥效。化肥施入土壤后，有些养分会被土壤吸收或固定，从而降低了养分的有效性。有机肥施用土壤后能促进土壤中磷、钾元素的活化，减少速效养分流失，从而提高化学肥料的利用率。

（4）施用有机肥可以改良酸化土壤。目前，由于化肥的不合理施用，土壤酸化已经成为普遍的现象。有机肥施入土壤后可增强土壤的缓冲能力，调节酸碱性，使酸化现象有所缓解，在改良土壤酸化方面起到积极作用。

（5）施用有机肥可提高农产品品质（图7–22）。有机肥含有丰富的有机物和各种营养元素，可为农作物提供全面丰富的营养物质。施用有机肥能够起到降低农产品硝酸盐含量、增加维生素C和可溶性糖等含量、调节农产品酸碱度等作用。

图7-22　有机农产品

71 什么是沼肥?

沼肥是沼液和沼渣的统称，亦称为沼气发酵残余物，沼肥是一种优质有机肥，不仅营养成分全面、肥效高，还有防治植物病虫的作用。沼渣是人畜粪便、农作物秸秆和青草等各种有机物在沼气池内经厌氧发酵产生的底层渣质。由于有机物质在厌氧发酵过程中，除了碳、氢、氧等元素逐步分解转化成甲烷和二氧化碳等气体外，其余各种养分基本都保留在发酵后的残余物中。其中一部分水溶性物质残留在沼液中；另一部分不溶解或难分解的有机、无机固形物则残留在沼肥残渣中，沼渣吸附了大量可溶性有效养分。沼渣中的重要养分有有机质、腐殖酸、全氮、全磷和全钾。有机质含量为30%～50%，腐殖酸含量达到10%～20%；全氮为0.8%～2.0%，全磷（五氧化二磷）为0.4%～1.2%，全钾（氧化钾）为0.6%～2.0%。科学利用沼肥，能够增加粮食产量、提高品质，改善环境条件，促进生态平衡。

72 沼肥有什么作用?

沼肥是优质的有机肥，又是良好的土壤改良剂。沼肥中特别是沼渣含有较多的腐殖酸，能产生持续的效果。施用沼肥后，土壤中自然团粒总数增加1.5～3倍，其中水稳性团粒增加8.5%～20.5%，增加了土壤的通透性，使土质疏松。连续两年施用沼渣后，土壤中有机质及氮、磷、钾营养元素含量变化不少，既能增加土壤有机质，又能培肥土壤。许多农户反映，由于大量施用沼肥，土壤变得疏松，色泽加深，土壤板结情况减轻，保水保肥能力增加，土壤肥力逐步上升。另外，大量试验数据证明，施用沼肥后，土壤理化性状明显改善。有机质全氮、全磷、有效磷分别增加16%、6%、9%，容重下降2%，孔隙度增加2%。

沼肥所含的有机质中氮、磷、钾的数量，都高于其他有机肥料。据有关试验资料，沼肥的有机质含量比人粪尿高5～6倍，比猪粪高2～3倍。全氮、全磷、全钾的含量也都高于人粪尿和猪粪。沼肥是速效性和迟效性兼备的有机肥料，沼渣一般作为底肥，沼液则作为追肥使用（图7–23）。由于沼液中含有充足的水分，还利于作物抗旱。沼肥还能防治农作物病虫害的发生。经过厌氧发酵的沼液，不但本身有害病菌被杀灭，而且具有抑制病菌生长的作用（图7–24）。据测定，沼液中含有吲哚乙酸、赤霉素和较高容量的氨和铵盐，通常含量可达0.2%～0.3%，这些物质均可抑制大多数病菌的繁殖。所以，沼液对小麦根腐病菌、水稻小球菌、核病菌、纹枯病菌及玉米大斑病菌、小斑病菌等都有较强的抑制作用。

图 7-23　某养殖场产生的沼液

图 7-24　沼液可减少辣椒的土传疾病

73 如何施用沼肥？

沼渣、固体的含量一般为10%～15%，通常在春、秋季大量作为底肥施用，每亩施用量为1000～2000千克。

（1）沼液、沼渣混合施肥方法。要求将沼渣、沼液混合搅拌后，与作物秸秆、树叶、杂草等混合在一起，进行堆肥和沤肥。堆肥和沤肥前，要将作物秸秆铡成6～10厘米长，切忌用整捆秸秆堆沤。堆沤肥的比例是，沼肥与秸秆为1∶2～3。堆沤的肥一般做底肥施用，每亩施用量为2500千克左右。

（2）沼液的施肥方法。对于面积较大的地区，建议采用水肥一体化工程（图7-25）将沼液通过管道输送到农田，根据农田土壤和作物特征，选择不同的灌溉方式，比如冲施、喷灌、滴灌等多种方式。其中喷灌、滴灌需要对沼液进行过滤，以避免沼液中的颗粒引起堵塞。

图 7-25　带过滤的水肥一体化装置

（3）沼液水稻利用方案。根据农田布局，利用沼液输送管道和田间灌溉渠道系统，将“灌溉水+沼液”按流量比例配置，即按灌溉水、沼液流量比为（5～6）：1配置，在渠道中混合后分灌区施用到稻田（图7-26）。根据水稻需肥特性，选择沼液作基肥、分蘖肥、穗肥施用，每亩稻田沼液施用量约为10～15吨。

图7-26 沼液用于水稻

① 施肥时间。应根据作物的养分需求时间确定，水稻施肥一般采用基肥和追肥方式，每年6～8月，利用沼液水肥一体化技术。

② 基肥和追肥的施肥量。应根据土地及作物不同时间的需肥量确定。水稻基肥和穗肥的沼液施用量，根据水稻施氮量及其肥料运筹，进行约1.2倍沼液氮替代化肥氮使用。

③ 施用方法。应根据配套的灌排系统，将沼液与灌溉水在渠道内按适宜比例混合，分区域、分田块进行定时、定量灌溉，实现沼液低本高效的施用。

（4）沼液小麦利用方案。

① 施肥时间。应根据作物的养分需求时间确定，小麦施肥一般采用越冬期追肥方式，每年11月至来年2月，利用沼液喷灌技术。

② 越冬期施肥量。应根据土地及作物不同时间的需肥量确定。小麦越冬期追肥的沼液施用量，根据小麦施氮量及其肥料运筹，进行等量沼液氮替代化肥氮使用。

③ 施用方法。应根据配套的灌排系统，建议进行标准化农田改造，田块宽度约75～90米，灌排分开，配备田间生产路，便于大型喷灌机械进行沼液喷施。或设计好田间沼液管网系统，利用增压泵和自走式喷灌车进行田间喷灌沼液。

粪污还田利用有哪些注意事项？

（1）必须经无害化处理。固态粪肥采用堆肥无害化处理，处理后的产品卫生学指标与重金属指标需达到NY 525—2012的要求；液态粪水采用厌氧发酵进行无害化处理，无害化指标及重金属限量要求应符合NY/T 2596—2014规定。养殖户自行简易处理的，养殖粪水经加盖贮存、深度厌氧发酵90天以上；固体粪便必须经过高温好氧堆肥发酵20天以上，并符合《畜禽粪便还田技术规范》（GB/T 25246）的相关要求。

（2）因地制宜选择还田利用模式。根据养殖场规模、周边土地配套情况选择依托专业化能源利用、异位发酵床、污水肥料化利用、污水达标排放等几种模式。附近有稳定且匹配的农田、园地、林地和果蔬等消纳地，原则上以一个生猪当量匹配不少于0.2亩的农田、园地、林地。粪肥使用量不能超过作物当年生长所需的养分量，可结合当地作物种植结构，参照《畜禽粪污土地承载力测算指南》（农办牧〔2018〕1号）执行。不能就地或就近消纳的，粪肥处理利用涉及养殖、种植不同主体或其他加工服务组织进行委托综合利用的（如畜禽粪污收集处理中心、沼液配送服务站等），应签订消纳对接协议或委托处理利用合同，明确双方职责。

（3）注意过程控制，避免造成二次污染。进行粪肥施用时，应根据养殖场周边匹配农田的地形和位置，配套建设有效的粪肥运送网络，确保粪肥能到达需肥的农田。无害化后的粪肥可通过管网或罐车输送，具体应综合考虑距离因素、经济条件等合理确定输送方式。粪尿全混的高黏稠粪浆宜用罐车运输（图7–27），运输车需具有防渗漏、防流失和防撒落等防护措施。农田与养殖场距离较远（1000米以外）时，可在田间建设粪水农田贮存池，贮存池设计应具有防渗漏及覆盖防雨安全功能，并配置固定或流动的粪肥还田设备。采用管网输送的液体粪肥应进行固液分离预处理，输送管道应具备防爆防腐抗堵等安全功能，推荐使用PE管材。输送管道宜采用埋设方式，距管顶深度不低于40厘米，裸露部分应进行防老化处理（图7–28），管网应布设排水、泄空装置。将液体粪肥作为随同灌溉水进行农田施用时，应保证其下游最近的灌溉取水点的水质符合农田灌溉水质标准（GB 5084—1992）。此外，长期使用粪肥的土壤和作物应每年进行采样监测，评估是否存在重金属积累风险以及养分失衡情况。

图 7-27　沼液运输车

图 7-28　沼液输送管道

75 为何农田不能直接施用生猪粪？

猪粪含有丰富的有机质和养分，但一般不能不经处理直接施入农田。主要原因是，生猪粪中含有大量新鲜活性有机质、重金属、抗生素残留且往往携带寄生虫卵和病原微生物，如果未经腐熟直接生粪下地，轻则造成烧苗，危害农作物生长，重则可能成为长期疫源地或造成食物链性污染。

一般通过沤肥、堆肥或厌氧沼气发酵等无害化处理，利用微生物发酵作用，对粪便中的活性有机物进行转化使之分解或腐殖化、稳定化，抗生素等有害物质发生分解削减，一部分重金属发生钝化以及寄生虫卵和病原微生物得到有效杀灭，最终使物料得到充分腐熟，作为肥料使用时不会出现烧苗现象，可以安全地作为肥料使用。而且，发酵腐熟后的粪污臭味大幅度降低，更便于贮存、运输和使用。

76 什么是畜禽粪污土地承载力？

畜禽粪污土地承载力是指在土地生态系统可持续运行的条件下，一定区域内耕地、林地和草地等所能承载的最大畜禽存栏量。畜禽粪污土地利用的目标之一就是循环利用粪污中所含的养分，以利于粮食、牧草、果木或生物质生产。这其中重点考虑的问题是植物营养需求和施用粪肥的营养成分总量之间的平衡关系。在设计应用中，不但要考虑土地承载能力，同时要考虑粪污施用率。单位土地养分需求量的计算方法如下［参照《畜禽粪污土地承载力测算指南》（农办牧〔2018〕1号）］：

$$单位土地粪肥养分需求量=\frac{单位土地养分需求量\times施肥供给养分占比\times粪肥占施肥供给比例}{粪肥当季利用率}$$

畜禽粪污土地承载力及规模化养殖场配套土地面积测算以粪肥氮养分供给和植物氮养分需求为基础进行核算，对于设施蔬菜等作物为主或土壤本底值磷含量较高的特殊区域或农用地，可选择以磷为基础进行测算。畜禽粪肥养分需求量根据土壤肥力、作物类型和产量、粪肥施用比例等确定。畜禽粪肥养分供给量根据畜禽养殖量、粪污养分产生量、粪污收集处理方式等确定。养殖场配套农田面积计算方式如下［参照《畜禽粪污土地承载力测算指南》（农办牧〔2018〕1号）］：

养殖场配套农田面积（亩）

=单位猪当量氮（磷）养分供给量（千克）存栏量 ÷

[每100千克产量需要的氮（磷）养分量（千克）× 单位面积预计产量（千克）÷

100 × 施肥供给养分比例（%）× 粪肥占施肥供给比例（%）÷

粪肥氮（磷）养分当季利用率（%）]

77 粪污资源化利用有哪些主要模式？

（1）粪便堆肥＋污水厌氧＋农田利用。该模式适用于猪场和奶牛场。配合干清粪工艺，将粪便和污水分开收集、分别处理。主要以进行污染物无害化处理、降低有机物浓度、减少沼液和沼渣消纳所需配套的土地面积为目的，且养殖场周围具有足够土地面积全部消纳低浓度沼液，并且有一定土地轮作面积。该模式不限养殖场规模，根据不同规模制定堆肥场地和厌氧工程。具体方法为，将畜禽粪污分开收集处理，采用干清粪或其他有效设备、设施对粪污源头进行粪尿分离，其中收集的粪便含水率不高于80%，可直接用于堆肥成腐熟肥料，废水COD浓度不高于10000毫克/升，经过厌氧发酵生成沼液，肥料和沼液均用于农田。肥料可以运输至别的农田施用，沼液需要养殖场周边配套合理面积农田直接消纳。

（2）粪污厌氧发酵＋农田利用。主要方法为将粪污混合收集，进行厌氧发酵后，全部用于周边农田。适合水冲粪、水泡粪、干清粪和机械刮粪等多种清粪方式。具体方法是将粪污全部经调节池进入厌氧发酵罐（池），厌氧滞留期宜超过20天，产生的沼液经沉淀处理并存放于沼液贮存池中；沼渣经固液分离处理后的残渣制成有机肥。粪污利用方式：有机肥就近施用或外运施用；沼液贮存3个月以上后，以肥水形式还田。一般情况下，每10头猪（出栏）所需的厌氧池容积约2米^3。

（3）粪污厌氧发酵+生态净化。该模式适用于猪、奶牛、蛋鸡、肉鸡、鸭等各种养殖场。主要方法为将粪污混合收集，进行厌氧发酵后，沼液通过生态净化的方式继续削减COD和养分，直至达标。适合水冲粪、水泡粪、干清粪和机械刮粪等多种清粪方式。具体方法是将粪污全部经调节池进入厌氧发酵罐（池），厌氧滞留期宜超过20天，产生的沼液经沉淀处理后继续进行生态净化，生态净化宜采用多级稳定塘+生态沟+生物塘+渗滤池结构。生态净化后，污水达到《污水综合排放标准》（GB 8978—1996）。一般情况下，每10头猪（出栏）所需的厌氧池容积约2米^3。

78 发酵床养猪对环境有什么好处？

生物发酵床零排放养猪法是根据微生态理论和生物发酵理论，在猪舍内建立并全面铺设一定厚度的谷壳、锯末和发酵菌种等混合有机物垫料，猪饲养在上面，其所排出的粪尿在猪舍内经微生物发酵迅速降解、消化，从源头实现环保、无公害养殖的目的（图7-29）。

图7-29 发酵床养猪

采用生物发酵床养猪的技术优点包括以下几点。

① **污水零排放**。由于有机垫料里含有相当活性的特殊有益微生物，能够迅速有效地降解、消化猪的粪尿排泄物，不需要每天清扫猪栏、冲洗猪舍，于是没有任何冲洗圈舍的污水，没有任何废弃物排出养猪场，真正达到养猪零排放的目的。

② **改善猪舍环境**。发酵床猪舍为全开放，使猪舍通风透气，阳光普照，温度、湿度均适于猪的生长。猪粪尿在发酵菌种迅速分解下，猪舍里不会臭气冲天和滋生苍蝇。

③ **提高猪肉品质**。猪饲养在垫料上，显得十分舒适，猪活动量较大。猪生长发育健康，能够减少疫病发生或传播，搞好防疫工作后，几乎没有猪病发生，从而提高了猪肉品质。

④ **节约用水**。常规养猪需大量的水来冲洗，而采用此法只需提供猪只的饮用水，能省水80%～90%；发酵床产生热量，猪舍冬季无须耗煤耗电加温，节省能源支出。此外，发酵后的垫料形成可直接用于果树、农作物的生物有机肥，达到循环利用、变废为宝的效果。

总之，发酵床养猪对猪舍建设、饲养管理、生物安全体系建设、日粮配制、疾病防控等方面提出了新的要求，一方面要为有益的发酵微生物提供良好的培养条件，使其迅速消纳猪只的排泄物；另一方面也要保证为猪只提供良好的生活环境，以满足不同季节、不同生理阶段猪只的需要，达到增加养殖效益的目的。

第八章

屠宰加工

 生猪屠宰工艺步骤有哪些?

生猪屠宰涉及20多道基本工序。生产带皮猪肉（即白条）的基本工序主要包括：

① 宰前静养。动物从养殖场运输到屠宰场的过程中，会遇到各种应激，影响肉的品质。宰前静养是指屠宰之前的一段时间内停止喂食，但给予足量的饮水，让生猪得到充分休息，减少生猪应激反应，这是一种改善生猪福利和猪肉品质的手段。适度的静养，能够让生猪得到充分的休息，从应激状态中恢复，减少PSE肉的发生率，改善猪肉色泽及食用品质。

② 宰前检验。这是保证肉品卫生质量的重要环节之一，在贯彻执行病、健隔离，病、健分宰，防止肉品污染，提高肉品卫生质量方面，起着重要的把关作用。通过宰前临床检查，可以初步确定待宰生猪的健康状况，发现许多在宰后难以发现的传染病，如李氏杆菌病、脑炎、胃肠炎、棘球蚴病、口蹄疫等，从而做到及早发现、及时处理、减少损失，还可以防止疫病的传播。

③ 淋浴。用20℃温水喷淋动物体表2～3分钟，以清洗体表污物。淋浴可降低体温，抑制兴奋，促使外周毛细血管收缩，提高放血质量。

④ 致昏。主要目的是让生猪失去知觉，减少痛苦，避免生猪在宰杀时挣扎而消耗过多的糖原。常用的致昏方法有电击致昏和气体致昏。电击致昏是通过电流麻痹生猪中枢神经，使其晕倒。该致晕方式经济、高效。电击时电流、电压强弱直接影响生猪福利及肉品质量。最小推荐致晕电流为1.25安，电流作用时间不少于3秒。电流通过生猪脑部使其处于无意识状态，并使生猪心跳加剧，全身肌肉发生高度痉挛和抽搐，可以达到良好的放血效果。如果致晕电流

过大使生猪心搏动停止，生猪死亡导致脑部血液供应停止，会引起宰杀后放血不充分，影响肉品品质。如果致晕电流不足或作用时间不够则无法实现麻痹神经的目的，可能会使动物意识得到恢复，增加动物痛苦和应激，同样会影响肉品品质。气体致昏是利用二氧化碳、氩气及其混合气体使动物失去知觉。从动物福利角度，该方法是生猪致昏技术的发展方向。当动物在80%以上二氧化碳密闭室中静置15～45秒，就完全失去知觉，并维持昏迷状态2～3分钟。

⑤ 刺杀放血。生猪应在致昏后30秒内被放血，以免苏醒挣扎引起肌肉出血。生猪的放血量为活重的1.5%～5.8%。放血时，总血量的60%流出，20%～25%留在血管中，另有10%残留在肌肉中。

⑥ 烫毛。目的是在热水或蒸汽作用下，使毛根及周围毛囊的蛋白质受热变性，毛根和毛囊易于分离，从而方便煺毛。烫毛有普通烫池式烫毛、运河式烫毛和蒸汽烫毛三种方式。一般猪屠体在浸烫池内浸烫3～8分钟，池内水温60～68℃。具体的水温和烫毛时间，需根据品种、个体大小、年龄和气温等适当调整。

⑦ 打毛。利用上下两组相反的滚筒，将烫好的猪屠体送入撞辊，滚筒上突出的钝齿将毛煺掉。

⑧ 吊挂提升。为了方便后道工序操作，需要用扁担钩钩住后腿跟关节处，逐步提升到吊轨上。

⑨ 预干燥。通过拍打，使胴体表面干燥，便于后续的火焰燎毛。

⑩ 火焰燎毛。用火焰除去残毛。

⑪ 清洗抛光。人工进行刮黑和清洗处理。

⑫ 去尾、头、蹄。在第一颈椎或枕骨髁处将头去除。在掌骨和腕骨间去除前蹄，跖骨和跗骨间去掉后蹄。在第一尾椎和荐椎结合处将尾巴去除。

⑬ 雕圈。环绕肛门外壁四周，用刀子将其剥离。

⑭ 开膛、净腔。沿腹中线切开腹壁，用刀劈开耻骨联合，锯开胸骨，取出白脏（胃、肠等）和红脏（心、肝、肺等）。

⑮ 检验检疫。目的是发现各种妨碍人类健康的胴体、脏器及组织，并做出正确的判定和处理。以感官检查和剖检为主，必要时辅之以实验室化验。包括观察屠体的皮肤、肌肉、胸腹膜等组织和脏器的色泽、形态、大小、组织状态等是否正常，为进一步剖检提供线索。借助检验器械，剖开以观察屠体、组织、器官内部的变化。需要剖检的组织主要有淋巴结、肌肉、脂肪、脏器等。

借助检验器械触压或用手触摸，判断组织、器官的弹性和软硬度，以便发现软组织深部的结节病灶。根据嗅闻屠体或组织的气味，判断屠畜生前的健康状况。

⑯ 劈半。沿脊柱正中线将胴体锯开成两半，剥离脊髓，用水冲洗胴体，去掉血迹及附着的污物。传统劈半采用手工电动锯，目前一般采用自动劈半锯来完成，不仅省时省力，也可降低人工污染。

⑰ 修整。

⑱ 计量与质量分级。分级是实现优质优价的前提和基础。传统胴体分级是人工主观评判，存在评判人员个体间差异大、主观性强等问题，目前多以智能化的仪器进行评判。一是视觉图像技术。运用高清晰度摄像头获取猪半胴体的部分性状。经过高性能图像显示卡，将其转化为数字图像并通过工业计算机再现出来。通过系统的图形处理软件识别胴体结构，计算出胴体瘦肉率及各分割肉块的瘦肉含量。二是超声波技术。利用动物肌肉组织和脂肪组织对超声波的响应存在差异，产生的信号不同，据此可测定胴体背膘厚度、背腰肉厚度及眼肌面积等，进而预测胴体的瘦肉率，对猪胴体进行分级。三是光电探针技术。运用光电技术探测猪胴体特定位置背膘厚和眼肌厚度，在此基础上估测胴体瘦肉率。

⑲ 整理副产品。

⑳ 胴体预冷。降低胴体温度，延缓微生物生长、实现肌肉僵直收缩和解僵，但冷却过程中胴体表面水分蒸发，引起重量损失。冷却方法包括常规冷却和两阶段冷却。常规冷却，即胴体在-1.5～7℃冷库中冷却至猪后腿肉半膜肌深层温度降至-1.5～7℃，一般冷却时间为16～24小时，冷却过程中的干耗在2.0%左右。两阶段冷却，是指胴体先在-15℃的冷库中移动式冷却1～2小时，再转入常规冷库（-1.5～7℃）冷却至猪后腿肉半膜肌深层温度降至-1.5～7℃，胴体表面会快速形成干膜，使冷却干耗有所下降，微生物得到一定程度的控制。

㉑ 胴体分割。将半胴体根据市场需要分割成若干个产品（图8-1），是屠宰加工企业实现产品增值的重要环节。根据销售终端的不同，分割产品分为批发分割肉和零售分割肉，批发分割肉一般为大块分割肉，可在销售终端进一步分切成小块的零售分割肉；根据产品是否带骨，又可将分割肉分为带骨产品和去骨产品两种。

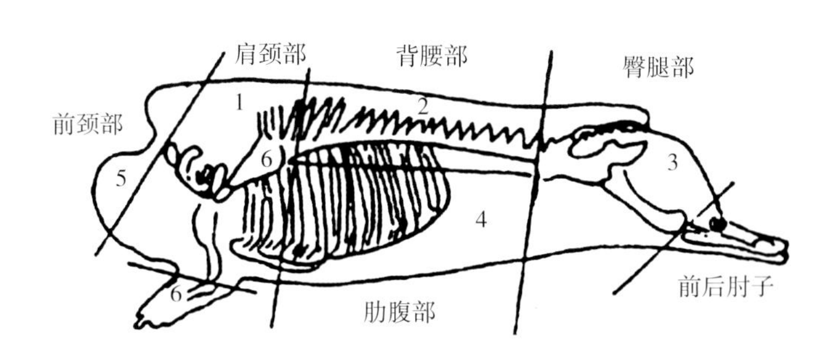

图 8-1 我国猪胴体部位分割图（周光宏，1999）
1. 肩颈肉 2. 背腰肉 3. 臀腿肉 4. 肋腹肉 5. 前颈肉 6. 肘子肉

㉒ 包装。包装是保持冷却肉贮藏、流通和销售过程中肉品品质的关键环节，主要起着隔离外界微生物污染、抑制冷却肉表面已有微生物生长、稳定肉色、延长产品货架期等作用。常见的包装有以下几种：一是胴体防护袋包裹。采用一次性无纺布猪肉白条防护袋将半胴体局部包裹，降低冷却时的干耗，减轻搬运过程中的交叉污染。二是热缩真空包装。适合于带骨和剔骨的大块分割肉。真空包装可抑制冷却猪肉中好氧腐败菌的生长，延缓脂肪氧化，减少干耗，防止二次污染。真空包装肉的表面脱氧肌红蛋白含量高，呈紫色，影响视觉效果，但打开包装后，肌红蛋白发生氧合反应，呈现鲜红色。三是气调包装。先抽真空，再向包装内充入一定的气体，破坏或改变微生物赖以生存繁殖的条件，以减缓包装内鲜肉的腐败，常用的气体主要是氧气、二氧化碳、氮气等。氧气可使肉保持鲜红色（形成氧合肌红蛋白），但也为好氧细菌的生长提供了条件，二氧化碳主要是抑制微生物的生长，氮气是惰性气体，只起着填充作用，对肉品品质无实质性的影响。

㉓ 贴标签。

㉔ 冷藏或冻藏。

如果生产去皮猪肉（即红条），不需要工序⑥至⑫，改为剥皮工序即可，包括预剥皮和拉皮。

有的工厂还采用几道特殊工艺：一是“有机酸喷淋减菌”工艺，设置在胴体入预冷库前；二是“快速冷却”工艺，设置在胴体预冷的前端；三是“雾化喷淋”工艺，嵌入在胴体预冷工序中；四是“追溯”，嵌入屠宰加工的各个环节。

与传统简陋工艺生产或私屠滥宰生产的猪肉相比，经过上述工艺生产出的猪肉更加安全，品质更有保障。

80 宰前静养在生产中有什么实际意义?

宰前静养是指生猪在屠宰前停止供应饲料不少于12小时，停止喂水不少于3小时。宰前静养的目的主要是为了缓解动物运输过程中产生的应激，提升动物福利，改善宰后肉品品质。

生猪宰前一般会面临捆抓、长途运输、剧烈运动、噪音、拥挤、打斗、高温、电击及环境突变等刺激，而这些刺激会促使生猪脱水、电解质失衡、肌糖原消耗过度、能量负平衡等应激反应。这些应激反应不仅会导致生猪活体消耗过度，动物福利遭到损害，而且会导致宰后PSE肉（pale，soft，exudative，肉色苍白、质地松软、有汁液渗出）或DFD肉（dry，firm，dark，切面干燥、质地坚硬、肉色暗）等劣质肉的产生。因此，生猪在运输到达屠宰场后不能立即屠宰，需进行一段时间的禁食静养后再屠宰，以减少生猪在运输途中的应激反应，改善动物福利，降低异质肉发生率，提高猪肉的品质。

（1）宰前静养的好处。

① **提高猪肉的品质。**适当的宰前禁食静养，能够让生猪得到充分的休息，从应激状态中恢复，而且可以减少肌肉中糖原含量，防止宰后肌肉pH下降过低，减少PSE肉的发生率，改善猪肉色泽及食用品质。

② **减少运输损耗。**运输损耗主要表现为生猪在运输途中的死亡和重量损耗。饲喂饱后运输的猪只容易出现运输死亡、活动困难和呕吐等不良反应。而装车前就断食的猪只，更容易装卸和管理，不容易出现不良情况。

③ **减少饲养成本。**在屠宰前9～10小时饲喂的饲料，并不能转换为白条的重量，只是增加了猪活体重量。但市场上通行做法是以白条重量作为结算依据，所以宰前数小时对生猪进行饲喂，是一种浪费。宰前12小时禁食，每头猪减少3千克的饲料消耗，节省饲养成本。

④ **减少内脏内容物量和处理成本。**宰前进行12～18小时的禁食静养，可以减少肠道内容物的含量，使内脏处理更加容易，同时减少处理废物的成本。

（2）宰前静养的不利之处。

① **重量损失。**在禁食条件下，动物体重每小时会损失0.2%。停食24小

时，猪活重损耗为5%，白条损耗1%。因此，可通过给动物补充电解质溶液来降低损耗。

② 皮肤损伤和胃损害。在禁食条件下，生猪可能会由于混圈等原因打架，造成皮肤损伤。长时间的禁食也会造成生猪胃部溃疡等，降低品质。

③ DFD肉发生。长时间的禁食（如超过24小时），会造成糖原过度消耗，致使猪肉极限pH过高，产生DFD肉。

（3）静养方法。

① 静养设施条件。有固定的圈舍及相关的饮水系统、喷淋降温系统、粪污排出设施。待宰静养圈应易于识别，易于进入。圈舍应由一定弧度的不透明围墙组成，应有饮水系统，通风良好，有保温和降温设施。待宰静养圈应保持清洁卫生，每一班产结束应清洗消毒。

② 静养时间。生猪待宰时间应符合GB/T 17236、GB/T 19479和GB/T 22569相关要求。其中在待宰圈的待宰静养时间应根据季节和运输距离而有所不同（表8-1）。对于长距离运输的生猪，待宰静养期间可适当补充恢复体力、缓解应激的营养液。

表8-1　不同季节待宰时间

运输距离（千米）	待宰时间（小时）			
	春季	夏季	秋季	冬季
＜150	2.5～4	6～8	＜3	2～4
150～500	4～9	<3	3～4.5	4～6
＞500	15～20.5	18～20	16～18	16～18

③ 待宰静养密度。待宰静养密度宜每头猪有0.6～0.8米^{2}的面积。天气炎热时，应启动散热设施，适度降低待宰静养密度。天气寒冷时，应启用保暖设施，适度增加待宰静养密度。待宰期间可进行间歇性淋浴，以雾状喷淋为主，水滴应尽可能细小，总淋浴时间不宜超过2小时。在环境温度较高时，可适当延长淋浴时间。环境温度低时，应缩短淋浴时间；当环境温度低于5°C时，应禁止使用淋浴系统。

81 什么是宰前应激，宰前淋浴对缓解应激是否有帮助？

宰前应激是指动物在屠宰前受到具有损伤性的生物、物理、化学以及心理性的刺激时产生的一系列非特异性全身性反应。物理性的应激因素包括过冷、过热、强噪音、鞭打、电击等；化学性的应激因素包括运输车辆或待宰圈中的高浓度二氧化碳、氨气等气体；心理性的应激因素包括混群、恐吓等。

（1）影响生猪宰前应激的因素。

① 遗传。不同品种生猪具有不同的应激敏感性，发生PSE猪肉的概率也不同。部分国外品种如约克夏、大白猪等含有氟烷基因，属应激敏感型猪，PSE肉发生率高，如波中猪PSE肉发生率约60%，约克夏猪为16.4%，巴克夏猪为20.7%，长白猪、汉普夏猪等为41%～48%。此外，汉普夏猪还含有酸肉基因（RN–基因），也会导致PSE肉的发生。引进国外生长性能好的品种来改良我国本土品种的选育过程中，国外品种的氟烷基因或RN–基因等隐性基因可能会在改良品种中得到表达，使得改良猪品种抗应激能力大幅下降，异质肉发生率明显上升。相同饲养条件下，改良白猪的PSE肉发生率高达36%，而本地黑猪PSE肉发生率仅为4%。相同品种不同个体对应激的反应也不尽相同。应激易感型品系猪受到应激时，肾上腺素、肾上腺皮质激素的分泌机能亢进，加速糖原酵解和pH下降，导致PSE肉的发生。

② 运输。恶劣的运输条件会导致动物死亡。通常，死亡率可达0.03%～0.5%，其中70%发生在运输途中，30%发生在屠宰场。在欧盟，政府和消费者敦促屠宰场或农场禁止活畜的长距离运输。自2018年非洲猪瘟疫情发生后，我国政府也出台了相关政策，禁止长距离运输。运输方式、时间、距离和装载密度等对动物福利都有一定的影响。

运输方式：活猪运输主要是公路运输，运输车辆有单层和多层之分。单层车厢运输时，生猪在装、卸车时所受应激较小，运输途中车厢通风性也较好。而多层车厢运输存在两个问题，一是生猪在装、卸车时常常需要使用工具推赶猪只，生猪应激较严重，PSE肉发生率较高；二是下层车厢通风性较差，且易受到来自上层车厢的粪便污染。不论采用何种运输方式，所有运输车都应提供一些遮挡，以防下雨或其他恶劣天气对猪造成的伤害。因此，建议尽量采用单层运输；如果是多层运输，应保持适当的层高、通风和遮挡，以尽量减少应激。

运输时间：长时间运输可能会导致动物死亡。运输时间越长，动物死亡率越高，肉品品质受到的不利影响也越大。因此，从动物福利和肉品品质角度考虑，运输时间必须控制在一定的范围内。生猪宰前极限运输时间（牲畜从装载地到卸载地的时间）为8小时；装载点与集散中心的距离不得超过100千米；在装载前为牲畜供水至少6小时。如果提供很好的牲畜运输条件，如提供进食和给水，可允许将运输时间延长2小时。

运输距离：运输距离也会影响动物死亡率，一般随着运输距离的增加，动物死亡率也在增加。长途运输过程中由于动物不能得到充分的休息和食物与饮水供应，动物会出现极度疲劳、饥饿、脱水等应激反应。运输距离达到700千米时，生猪机体生理平衡遭到破坏，产生严重的应激，能量消耗殆尽，导致胴体重下降；而短距离运输对生猪福利及猪肉品质影响较小。

运输密度：运输密度包括两个方面，一是用于动物站立或者躺下的地面面积，即所谓的装载密度；二是承载动物的车厢高度。如果路途远、路况差、气候炎热，不仅要考虑躺卧休息的空间，还要考虑在运输车上安装饮食、进食的设施。对于多层公路运输车辆，应尽可能增加层高，一方面使动物有足够站立的空间，另一方面也可提高通风效果，减少动物应激。运输密度过高，会阻碍生猪躺卧，导致动物疲劳和肌肉损伤，限制了生猪体热的散发，增加动物的呼吸作用，最终影响猪肉的品质。运输密度（运输时每头生猪所需面积大约为每100千克体重0.42米^2）取决于动物体重大小、运输时的天气和运输距离。动物体型越大其需要的空间就越大，冬天短途运输时，可适当增加运输密度，使动物抵抗寒冷刺激；夏天长途运输时，应降低运输密度，以利于散热及躺卧休息。正常情况下，猪只在运输2～4小时时才会躺卧休息。在实际运输过程中应该综合考虑运输距离与运输密度。

混群：混群装载时，生猪易发生打斗造成皮肤损伤，猪的皮质醇水平也会大幅升高，最终影响猪肉品质。皮质醇常被用作动物福利水平的评价指标，皮质醇含量越高，猪只的福利越差，PSE肉的发生率也越高。因此，在运输前后以及运输过程中应尽量避免混群。

③ 装卸。装载和卸载是运输中最易引起应激的环节。动物装卸时要避免动物兴奋，动物在装卸车后需要30分钟才能恢复平静。当动物脱离同群时，

就会变得激动，此时应当先将其放回原群中，待其恢复平静后再驱赶。养殖场、交易市场和屠宰场装卸区的设计会影响装卸的方便程度并关乎动物装卸过程中的应激程度。驱赶时应尽可能少用电棒或仅用于驱赶较顽固的动物。不得已情况下使用电击时，电压不能超过32伏，且不能电击动物的敏感部位。装卸生猪时，如果需要用刺棒或其他辅助物体来驱赶，则应当遵守以下原则：对于有很少或没有空间移动的生猪，不应再遭受鞭赶。电刺棒只能作用于猪的臀部，不得用于眼、嘴、耳、肛门、腹部或生殖器官等敏感部位。可以使用板子、旗子、塑料短桨、拍击具（系有一段短皮带或帆布的一定长度的藤条）、塑料袋和摇铃等工具引导生猪向前移动，不得鞭打、拧尾、捻鼻，不得使用电刺棒或其他易对动物造成显著的疼痛或伤害的工具驱赶生猪。不得大声喧哗或恐吓驱赶生猪。应避免抓捕或提升生猪，以免造成擦伤、骨折和脱臼等。不应拖拽或摁倒有知觉的生猪。

（2）宰前淋浴对缓解应激的影响。为了缓解生猪的应激反应，通常在静养环节进行淋浴，水温夏季为20℃左右，冬季为38℃左右，时间为3～5分钟。宰前淋浴可在一定程度上消除由于高温或严寒造成的应激反应；同时还可以清洁猪的体表，减少屠宰过程中的交叉污染；淋浴还可以增加生猪体表的导电性能，提高电击致晕的效果。

82 致昏对肉的品质有什么影响?

应用物理或化学方法，使生猪在宰杀前短时间内处于昏迷状态，称为致昏。常用的致昏方法有电击致晕和气体致昏。

电击致晕俗称“电麻”，就是给生猪机体通以一定的电流，使其失去知觉的过程。电击致晕的方式有两点式电击致晕和三点托腹式电击致晕两种。电击致晕所用电流为1.25安，通电时间不少于3秒。两点式电击致晕是将两个电极放在猪的耳根部，是传统的生猪致昏方式，成本低，操作简单，适合于微小企业。由于是人工操作，费时费力，工作效率低，还可能会对动物造成较大的应激，影响肉的品质。三点托腹式电击致晕是将两个电极置于猪只头部，第三个电极置于猪只胸部的致晕方式，这是目前屠宰企业最常用的致晕方法，适合大中型企业，自动化程度高，效率高，但对技术操作人员的要求也高。电击致晕可满足动物福利的要求，还可引起猪只肌肉收缩，使放血更加完全。

气体致昏是利用二氧化碳、氩气及其混合气体使动物失去知觉。一般CO_2的浓度为80%以上，15～45秒，致昏后的生猪维持昏迷状态2～3分钟。目前该方法在欧洲较为普及。从动物福利角度，该方法是生猪致昏技术的发展方向。该系统主要是通过人工驱赶或自动驱赶通道将生猪按4～8头进行分组，赶入装载箱中，通过链斗式升降机进入致昏室，之后提升至放血平台上。驱赶方式不当，可使PSE肉的发生率高达50%，而使用半自动移动门使猪按群分组，然后按批（4～6头）进入升降梯，下降到气体室，PSE肉发生率仅为13%。因此，应尽量减少猪只进入CO_2密闭室时的应激。由于该成套设备比较昂贵，在国内推广面不大，只在少数大型屠宰场应用（图8-2）。

图8-2　二氧化碳致昏系统
（丹麦Butina公司René Merrild Poulsen提供）

电击致晕的优点在于简单、方便，有利于充分放血；缺点在于，如果电流过大使猪只心搏动停止，猪只死亡导致脑部血液供应停止，会引起宰杀后放血不充分，也会造成断骨、血管爆裂引起的出血斑点，PSE肉发生率增加，影响肉品品质。如果致晕电流不足或作用时间不够则无法实现麻痹神经的目的，可能会使动物意识得到恢复，增加动物痛苦和应激，同样会影响猪肉品质。气体致昏的优点在于肉的品质较好，PSE肉发生率低，可避免断骨、出血斑点等品质问题；缺点在于放血不够充分，宰后肉中血腥味较重，部分脏器，如肝脏、肺脏等易出现变色快、难以保存等质量问题。

由于肝脏、肺脏等副产品的市场价值较高，国内生猪屠宰企业普遍采用电击致晕的方式。但为了更好解决PSE肉发生率高等问题，可以考虑在打毛工序

后增设一道冰水冷却工序。

83 如何进行屠宰检验?

生猪屠宰检验检疫包括宰前检验和宰后检验两个部分。其中，宰前检验包括车辆进厂时相关证明（检验检疫证）的查验、进厂检验检疫；宰后检验包括各淋巴结的检验，通常为同步检验。所谓同步检验检疫，是指胴体检验与头、蹄、内脏检验一一对应，由检验检疫人员对照检查和综合判定的一种方法。同步检验检疫是以感官检查和剖检为主，即通过视检、触检、嗅检和剖检等方法对屠宰中的动物胴体和脏器进行病理学诊断与处理，必要时进行实验室检验。同步检验检疫能够对临床症状不明显或处于潜伏期的患病动物的胴体或内脏做出及时判断和处理，对防止动物疫病传播，提高肉品安全具有重要意义。检验检疫的主要对象有口蹄疫、猪瘟、非洲猪瘟、猪繁殖与呼吸综合征、炭疽、猪丹毒、猪肺疫、猪副伤寒、猪Ⅱ型链球菌病、猪支原体肺炎、副猪嗜血杆菌病、丝虫病、猪囊尾蚴病、猪旋毛虫病等。另外，屠宰检验也可以检出虽无安全风险，但肉品品质较差的肉。

（1）屠宰检验的程序和要点。

① 头部检验包括三部分：一是在放血之后浸烫之前，剖检两侧颌下淋巴结，主要检查猪的局限性咽炭疽。二是与肉尸检验一道进行，先剖检咬肌，检查是否有囊尾蚴，再检查咽喉黏膜、会咽软骨和扁桃体，必要时剖检下颌副淋巴结，检查是否有炭疽。三是观察鼻盘、唇和齿龈的状态，检查是否有口蹄疫、水疱病。

② 皮肤检验检查是否有猪瘟、猪丹毒等。

③ 内脏检验依次检查脾、肺、心、肝、肾、乳房、子宫或睾丸。

④ 胴体检验判定放血程度。当放血不良时，肌肉颜色发暗，皮下静脉充血。同时，检查皮肤、皮下组织、肌肉、脂肪、胸腹膜、骨骼有无出血、皮下和肌肉水肿、肿瘤、外伤、肌肉色泽异常、四肢病变等症状，并剖开两侧咬肌，检查有无囊尾蚴。

⑤ 旋毛虫检验割取左右横膈膜脚肌各 10 克，进行旋毛虫检验。胴体经上述初步检验后，还须经过一道复检（即终点检验）。当感官检查不能作出确诊

时，应进行细菌学、病理组织学等检验。

（2）屠宰检验的处理结果主要有如下几种。

① 对放血不全，视检肉色异常、肌肉病变的肉，如后肢肌肉呈弥漫性红色，淋巴结淤血，皮下脂肪和体腔内脂肪呈灰红色，以及肌肉组织色暗，较大血管中有血液滞留的，需连同内脏作非食用或无害化处理。

② 半膜肌和背最长肌腰段呈现PSE肉状态的，轻者可以按正常肉处理，严重的PSE 肉需进行修割处理。对于后腿肌肉和背最长肌见有白色条纹和条块，或见大块肌肉苍白、质地湿润呈鱼肉样，或肌肉较硬、晦暗无光，在苍白色的切面上有大量灰白色小点、心脏也有类似病变的，胴体、头、蹄、尾和内脏全部作无害化处理。

③ 仅皮下和体腔内脂肪微黄或呈蛋青色，黏膜、筋腱无黄色，无其他不良气味，内脏正常的，不受限制出厂。有其他不良气味，应作非食用处理。

④ 皮下和体腔内脂肪呈明显黄色且不消退，质地坚硬，但无不良气味，此类脂肪组织作非食用处理；肌肉和内脏无异常变化的，不受限制出厂。

⑤ 皮下和体腔内脂肪、筋腱呈黄色，经放置一昼夜后，黄色消失或显著消退，仅留痕迹的，不受限制出厂。黄色不消失的，黄疸严重，并伴有肌肉变性和苦味的，胴体和内脏全部作非食用或无害化处理。

⑥ 检验中发现骨髓变黑，牙齿变红，肌肉可以食用；有病变的骨骼和内脏作非食用或无害化处理。

⑦ 如在整个猪胴体内发现两个或者两个以上的脓肿或肿瘤，应当进行无害化或非食用处理。

⑧ 十二指肠等肠内发现灌血肠样病变，肠内黏膜脱落，应作为非食用或销毁处理。

⑨ 过度脊瘦及肌肉变质、高度水肿，应进行无害化处理。

⑩ 其他检验无异常，但猪体上有异常部位，则可修剪；从胴体中修割下来的病变部分以及有碍肉食安全卫生的部分，全部进行无害化处理或非食用处理。

屠宰检验后所盖印章有何要求，出厂是否还需要检验？

根据农业农村部办公厅《关于规范动物检疫验讫证章和相关标志样式等有

关要求的通知》(农办牧〔2019〕28号)的规定，对检疫合格肉品加盖的验讫印章，颜色统一使用蓝色；对检疫不合格的肉品加盖“高温”或“销毁”印章，颜色统一使用红色。印油必须使用符合食品级标准的原料，也可采用激光灼刻打码。激光灼刻打码技术是用激光在猪肉表皮灼刻代码，灼刻没有任何添加物质，不会对被激光灼刻的猪肉及周边环境造成污染。

(1)生猪屠宰检疫验讫印章的组成及结构。

生猪屠宰检疫验讫印章由验讫印章和无害化处理印章“高温”“销毁”组成。其中，验讫印章由手柄、印章滚轮、支架、储墨筒4部分连接组成。

手柄：手柄经螺杆固定在支架上。

印章滚轮：滚轮是环保型PVC材料，上面承载省份、检疫验讫、地市代码、屠宰场编码及日期等信息。

支架：支架为2毫米不锈钢冲压成形。

储墨筒：储墨筒材质是环保PVC材料，墨筒外层用密质海绵包裹。

(2)生猪屠宰检疫验讫印章的形状与规格。

手柄：手柄形状为曲线型圆柱体，长128毫米，直径28毫米，经二次注塑成型。

生猪屠宰检疫滚印滚轮：滚筒章体直径52.5毫米，印模展开圆周长度165毫米，印模宽度68毫米，两边边线宽2毫米，边线为间断式线条。表明省份的汉字为黑体，字高18毫米，两字排列总宽度42毫米，系活动字块，镶嵌在章体的凹槽内(省名为3个字的，为变形黑体字，字高18毫米，三字排列总宽度42毫米)。用字母和数字表明地市代码和屠宰场编号，字母和数字为单个活动字块，镶嵌在章体凹槽内，便于使用者组合，字高16毫米，4个字排列总宽度为42毫米，具体代码和编号由主管行政部门确定。“检疫”“验讫”4个汉字分两排排列，为固定式，与章体同时注塑而成，字体为黑体，字高18毫米，两字排列宽度为42毫米。表明年份的4个数字为黑体，字高12毫米，排列总宽度37毫米，数字为单个活动字块，镶嵌在章体凹槽内。表明月份和日期的4个数字为黑体，字高12毫米，排列总宽度43毫米，数字为单个活动字块，便于月份和日期进行调整组合，镶嵌在章体凹槽内。所有字块材料均为环保型柔性PVC，经注塑而成。表明省份与编码的文字行距为11毫米，表明编码与检疫汉字的文字行距为10毫米，检疫与验讫汉字的行距为12毫米，验讫汉字与表明年份的数字码行距为11毫米，表明年份与日期的数字码行距为11毫米，表明日期与省份的文字行距为16毫米。

储墨筒：储墨筒与滚轮印章并排固定在支架内，外圆紧密接触，形状同为圆柱体，靠印章滚筒摩擦带动储墨筒转动，着墨方式为自动上墨，储墨量为50克。

其他相关的规格要求：无害化处理印章“销毁”和“高温”章；阿拉伯数字0～9字块4组，英文字母26个字块。其中销毁标记章为环保柔性PVC材料，长方形（长90毫米，宽45毫米，夹角53°），“销毁”字样为黑体；高温处理标记章为环保柔性PVC材料，等边三角形（边长90毫米，边线宽2毫米），“高温”字样为黑体。

猪肉出厂时，仍需要根据接收方的要求，提供相应的出厂检验报告，通常包括标识、包装、感官指标、水分含量、兽药残留、农药残留等。

85 如何做好生猪屠宰的管理，提升产品的质量安全?

生猪屠宰企业通常要做好GMP、SSOP和HACCP三个体系的建设，提高肉品质量安全。近年来，行业中也在推行PACCP体系来改善和提升肉的食用品质。

（1）《生猪屠宰良好操作规范》（GMP，GB/T 19479—2004）。GMP对生猪屠宰、分割企业的人员、环境与设施、宰前管理、屠宰加工、贮藏和运输过程中品质和卫生管理等方面作出了基本技术要求。对人员的要求主要包括卫生教育、健康检查、受伤处理、洗手要求、个人卫生、监督措施等方面；对环境与设施的要求主要包括环境、厂房、车间及设施的要求；对屠宰加工过程的要求包括宰前管理、致昏、刺杀放血、烫毛、开膛、净腔、劈半、修整、复检、整理副产品、分割、冷却等的要求；屠宰加工过程检验包括宰前检验、宰后检验、检验操作要求、检验结果异常的处理。此外还有包装、标签和标识的要求，成品贮存、运输的要求，记录的要求，品质管理的要求等。

（2）卫生标准操作程序（SSOP）。SSOP即卫生标准操作程序，是指企业为了达到GMP所规定的要求，保证所加工食品符合卫生要求而制定的指导食品生产加工过程中如何实施清洗、消毒和卫生保持的作业指导文件。SSOP主要是指导卫生操作和卫生管理的具体实施，相当于ISO 9000质量体系中过程控制程序中的“作业指导书”。生猪屠宰加工过程SSOP包括如下几个方面的要求：第一，水的安全，包括水源要求、水的贮存和处理、防止饮用水与污水交叉污染、废水排放、水的监测等要求。第二，胴体或猪肉接触面的清洁，主要包括胴体或猪肉接触面的结构、胴体或猪肉接触面的材料、胴体或猪肉接触面的清洁、胴体或猪肉接触面清洁状况的监测等方面的要求。第三，交叉污染的预防，包括工厂选址、设计和布局，胴体或猪肉接触表面应保持清洁等的要求。第四，手的清洗消毒及卫生间设施的维护，包括洗手消毒设施的设置和维护、卫生间设施的设置和维护等要求。第五，防止异物污染，包括水滴和冷凝水的控制、防止污染的水溅到产品上、包装物料的控制、物理性异物的控制、化学性异物的控制，以及监督和检查等。第六，有毒有害化学物质的正确标记、贮存和使用，包括容器的正确标记、有毒有害化学物质的正确贮存、有毒有害化学物的正确使用和管理、监督检查、合理纠正措施等要求。第七，工人健康状况的控制。第八，虫害鼠害的灭除。

（3）危害分析和关键控制点（HACCP）。HACCP是保证食品安全和产品质量的一种预防控制体系，是将食品质量的管理贯穿于食品从原料到成品的整个生产过程当中，侧重预防性监控，不依赖对最终产品进行检验，打破了传统检验结果滞后的缺点，从而使危害消除或降低到最低限度。HACCP的构成包括危害分析、确定关键控制点、建立关键限值、关键控制点的监控、纠正措施、建立记录保持程序、建立验证程序等。

① 进行危害分析。危害分析是HACCP体系的基础。为了建立一个有效的预防食品安全危害的计划，关键是找出食品原料和加工过程中存在的显著危害，并制定出相应的控制措施。HACCP原则上只针对食品安全危害。在危害分析期间，应根据各种危害发生的可能性和严重性来确定某种危害的潜在性和显著性。通常根据工作经验、流行病学数据、客户投诉及技术资料的信息来评估危害发生的可能性，用政府部门、权威研究机构向社会公布的风险分析资料、信息来判定危害的严重性。危害分析一般分为两个阶段。第一阶段，对照工艺流程图从原料接收到成品完成的每个环节进行危害识别，列出所有可能的潜在危害。危害主要包括生物危害（细菌、病毒、寄生虫等）、化学危害（天然毒素、化学药品如清洗剂、消毒剂、杀虫剂，药物残留如农药、兽药及重金属等）和物理性危害（金属等）。第二阶段，在确定潜在危害后，评估潜在危害的可能性和显著性。这个阶段包括三个步骤，一是如果潜在危害不被控制，

对人体健康造成伤害是否严重；二是如果没有被适当控制，潜在危害是否有发生的可能性；三是潜在危害是否已被列明在HACCP计划中。

② 确定关键控制点。在危害分析中确定的每一个显著危害，均必须有一个或多个关键控制点对其进行控制。关键控制点是具有相应的控制措施，使食品安全危害被预防、消除或降低到可接受水平的一个点、步骤或过程。一个关键控制点可以用于控制一种以上的危害，几个关键控制点也可用来共同控制一种危害。

③ 建立关键限值。关键限值是在关键控制点上用于控制危害的生物的、化学的或物理的参数。每个CCP上必须至少有一个具体的控制指标或限值，如原料肉的微生物总数、加热温度、时间、冷却温度和速度、感官品质、产品货架期等，并具有相关的预防控制措施。当加工操作偏离关键限值时，应采取纠正措施以保证食品安全，防止、消除危害，或使危害减少到可接受的水平。

④ 关键控制点的监控。监控是指实施一个有计划的观察和测量程序，以评估一个关键点是否受控，并且为将来验证时使用做出准确的记录。要实施对关键点的监控，就必须事先建立关键点的监控程序。

⑤ 纠正措施。纠正和消除偏离的起因，重建加工控制，即分析偏离产生的原因，及时采取措施将发生偏离的参数重新控制到关键限值规定的范围内。同时要采取预防措施，防止这种偏离的再次发生。确认偏离期间加工的产品并确定对这些产品的处理方法。

⑥ 建立记录保持程序。建立有效的记录保持程序是HACCP计划的重要组成部分。记录可以提供关键限值得到满足或者当关键限值发生偏离时采取了相应纠正措施的书面证据。同样，记录也提供了一种监控手段，由此引起的加工调整可以预防失控的发生。

⑦ 建立验证程序。包括建立验证过程中的检查计划、复查HACCP、关键点记录、偏差、随机样品收集和分析，以及验证过程中的检查记录。验证检查报告应包括管理和更新HACCP计划的负责人，在操作过程中直接监控关键点数据，证明监控设备性能良好及使用的纠偏措施。规范地实施HACCP管理系统，必须进行全员培训，充分认识实施HACCP管理系统的重要性；检测仪器和设备齐全，且运行状况良好。同时，工厂必须严格地执行良好生产操作规范和卫生标准操作规范，才能保证HACCP计划有效实施。

（4）食用品质保证关键控制技术体系（PACCP）。该体系是由澳大利亚肉类标准化研究所针对牛肉品质控制提出的，旨在强调肉品品质控制的全局性和系统性，即全产业链式的控制，同样适用于猪肉品质控制。综合而言，猪肉食用品质的控制涉及品种与繁育、养殖、屠宰加工、分割包装和烹调5个方面。

① 不同品种的猪生长速度不同，沉积肌内脂肪能力不同，对外界的应激反应也不同，导致猪肉的风味、多汁性等食用品质指标存在很大差异。

② 养殖环节是动物肌肉发育、脂肪沉积、骨骼生长和相关组织发育成熟的过程。在此过程中，饲料营养直接影响肌肉发育和脂肪沉积，最终表现为瘦肉率的高低、脂肪沉积的多少和生长速度的快慢。肌内脂肪含量对嫩度、风味强度和多汁性有一定程度的影响，适量的脂肪尤其是肌内脂肪对肉的风味和多汁性具有重要意义。在养殖过程中，皮下、腹腔内、肌肉、结缔组织以及内脏器官周围等部位都能沉积脂肪，但不同部位脂肪沉积能力不同，皮下脂肪（俗称板油，如背膘）沉积最多，其次为网膜脂肪和肾周脂肪（俗称花油），肌内脂肪（又称大理石花纹）最少。对于中式烹调的肉类产品（如红烧、炖肉、爆炒等），肌内脂肪、肌间脂肪、皮下脂肪对肉品嫩度、风味和多汁性均有重要作用。

③ 宰前管理，如运输、待宰、驱赶、屠宰加工工艺（致昏、冷却等）对肉的品质也有很大影响。

④ 烹调是生肉变成可食肉的最后环节，影响肉品的最终品质。不同的分割肉适合不同的烹调方法，如猪背脊肉适合于炭火烤、炉烤和涮锅，其感官品质存在很大差异。背脊肉更适合烤制。但目前我国尚缺乏规范的肉类烹调指南，肉类生产厂家也未对各类产品的烹调方法给予建议。

86 生猪屠宰进行预冷处理和冷链不间断的目的是什么？

由于猪肉在加工、贮运和销售等环节极易受到微生物的污染，因此，在猪肉物流过程（包括运输、仓储、装卸等环节）中保持冷链的不间断尤为重要。同时，应建立温度信息记录制度和追溯体系。为了实现冷链物流，应对环境温度、设施设备和温度信息采集等做出特殊的要求。

预冷是生猪屠宰的重要工艺。宰后将胴体在0～4℃温度条件下放置一段时间，使肉的中心温度降至0～4℃。冷链不间断是指在后续的分割、贮藏和运输流通过程中一直保持0～4℃。一是控制腐败微生物的生长，延长产品货架期。在低温条件下，大部分腐败微生物的生长会受到抑制，使得产品的货架期得到显著延长。二是改善肉品品质。在低温条件下，肌肉中糖原酵解得到一定程度的抑制，乳酸生成速度下降，使得PSE肉的发生率明显降低。同时，猪肉在低温条件下可以放置较长时间，在内源酶的作用下，肌原纤维蛋白发生降解，肉的僵直逐渐解除，肉质变软，嫩度、持水力和风味得到很大改善。三是降低干耗。当胴体温度和环境温度都较高时，胴体表面的水分蒸发快，胴体损耗大，而在低温条件下，胴体表面形成一层致密的干膜，可以降低水分蒸发，从而降低干耗。

（1）温度要求。屠宰场胴体预冷（预冷间温度-1.5～0℃）→冷却后的胴体（中心温度0～4℃）→〔分割（分割间温度＜12℃）→分割肉（中心温度＜4℃）〕→冷藏暂存（冷藏间温度0～4℃）→冷藏运输（厢体温度0～4℃）→零售市场展示式冷藏柜（柜内温度0～4℃）→消费者。

（2）设施设备要求。冷链物流过程中每个环节的温度要求见图8-3。胴体冷却间、配送冷却间、分割包装车间以及配送冷藏间的设计应符合《冷库设计规范》（GB 50072—2010）的规定。冷却肉运输设备应是专用设备，每天用毕应进行清洗消毒。运输中与冷却肉接触的器具应符合卫生要求，且利于清洗消毒。运输的车辆或集装箱应具有降温和（或）保温功能。运输冷却肉厢体内应保持0～4℃。各类储藏设备内表面与冷却肉接触的材料应符合卫生要求，并能满足清洗消毒的条件。储藏设备应有降温和（或）保温功能，应能保持0～4℃的温度。冷藏设备应有除霜功能、温度遥测功能、温度自动控制

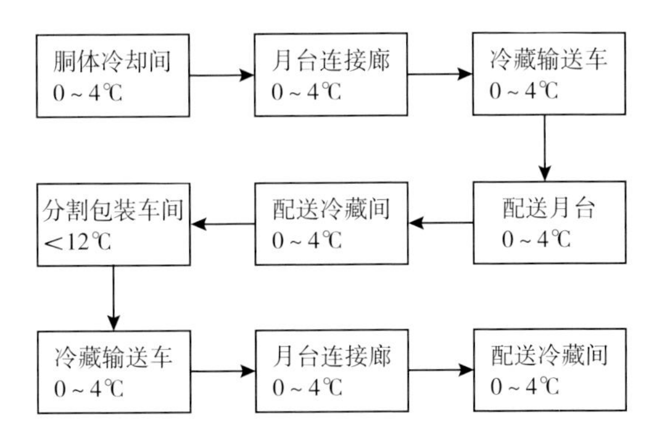

图8-3　冷链不间断系统流程图

功能。温度波动允许值为±2℃。储藏设备内不能同时储藏有异味的其他食品（或产品）。装卸冷却肉应采用“门对门”连接，月台及月台对接廊应具有降温和（或）保温功能，廊道温度应不超过4℃。

（3）温度控制。冷链物流作业中，应明确物品在不同物流环节的规定温度要求、可允许的温度偏差范围、温度测量方法、温度测量结果的记录要求和保存方法要求。冷链物流所采用的设施设备应配备连续温度记录仪并定期检查和校正，应设置温度异常警报系统，配备不间断电源或应急供电系统。

目前，专业化的冷却肉物流企业常采用物联网温度传感、射频、移动网络通信等技术，对冷却猪肉生产、仓储、运输至销售过程中的温度变化信息进行实时化监控，实现温度信息的可视化管理。该监控系统可与企业的ERP系统融合，实现企业的一体化管理。

（4）全球定位系统（GPS）的应用。全球定位系统是利用多颗卫星对地面目标的状况进行精确测定的系统，实现运行车辆的全程跟踪监视，并通过相关的数据进行交通管理。应用GPS，可跟踪肉类食品低温物流车辆、船舶的实际位置；通过双向的信息交流，可以向车辆、船舶提供相关的气象、交通、指挥等信息，同时可以将运行中的车辆、船舶信息传递给管理中心；可以掌握运输装备的异常情况，接收求助信息和报警信息，迅速传递到管理中心实施紧急救援；可以实施运输指挥、实施监控、路线规划和选择、向用户发出到货预报等，可以有效支持大跨度的物流系统管理。

87 猪胴体为什么要进行分级分割，如何分级分割？

分级是实现优质优价的前提和基础。猪胴体分级包括质量分级和产量分级，其中产量分级更为重要。传统胴体分级是人工主观评判，存在评判人员个体间差异大、主观性强等问题，目前多以智能化的仪器进行评判。无论是主观评判还是机器分级，都是基于特定的分级标准。胴体分割是指将半胴体根据市场需要分割成若干个产品，是屠宰加工企业实现产品增值的重要环节。根据销售终端的不同，分割产品分为批发分割肉和零售分割肉，批发分割肉一般为大块分割肉，可在销售终端进一步分切成小块的零售分割肉；根据产品是否带骨，又可将分割肉分为带骨产品和去骨产品两种。就实际生产而言，分割线至少应包括胴体的初分割和精细分割两个环节，其中初分割相对简单，位于分割线的前端，所需人力和空间小；而精细分割相对复杂，所需人力和空间大。

胴体分级的方法有人工分级和机器分级两大类，其中机器分级包括视觉图像分级、超声波分级和光电探针分级。视觉图像分级是运用高清晰度摄像头获取猪半胴体的部分性状，经过高性能图像显示卡，将其转化为数字图像并通过工业计算机再现出来，通过系统的图形处理软件识别胴体结构，计算出胴体瘦肉率及各分割肉块的瘦肉含量。超声波分级是将猪胴体放在一排固定的不锈钢超声波转换器（16个，间距25毫米）上，转换器进行自动三维扫描，根据扫描所得到的信息（背膘厚度、肌肉厚度、眼肌面积等）预测胴体产肉率和分割肉块中瘦肉的重量和百分含量。光电探针分级是运用光电技术探测猪胴体特定位置背膘厚和眼肌厚度，在此基础上估测胴体瘦肉率。

胴体分级需要有标准。我国现有行业标准《猪肉等级规格》（NY/T 1759），根据背膘厚度和胴体重或瘦肉率和胴体重两套评定体系，将胴体规格等级从高到低分为A、B、C 3个级别。胴体重分为带皮和不带皮两种。根据胴体外观、肉色、肌肉质地、脂肪色将胴体质量等级从优到劣分为Ⅰ、Ⅱ、Ⅲ三级。

分割的方法有很多，常见的大块分割是将胴体分割成4个部分，依次编号为一号肉、二号肉、三号肉和四号肉。其中一号肉即颈背肌肉，是从第五六根肋骨中间斩下的颈背部位肌肉；二号肉即前腿肌肉，是从第五六根肋骨中间斩下的前腿部位肌肉；三号肉即大排肌肉，是在脊椎骨下约4～6厘米肋骨处平行斩下的脊背部位肌肉；四号肉即后腿肌肉，是从腰椎与荐椎连接处（允许带腰椎一节半）斩下的后腿部位肌肉。

也有企业进行更加精细的分割，即将猪胴体分割成近100个批发大块产品，其中主要分割肉切块有50～60个，分割产品涉及带骨和去骨产品、带皮或去皮产品以及西方特殊烹调用途的产品（如法式肋排等）。

热鲜肉、冷却肉、冷冻肉有何区别？

热鲜肉、冷却肉和冷冻肉都属于鲜肉，屠宰工艺没有差别，关键是后续工艺的差别及其所造成的品质差异。

热鲜肉是指未经冷处理、宰后不久即食的鲜肉。由于肉没有经过充分冷却，其中微生物生长繁殖快，产品货架期受季节影响很大，在夏季只有几个小时，在冬季可达1～2天。此外，热鲜肉没有经过规范的成熟过程，风味和口感的一致性较差。对于猪肉来说，热鲜肉最大的问题是货架期短，在夏季PSE肉发生率高。

冷冻肉是指宰后在-23～-18℃冻结，之后在-18℃冻藏的肉。冻肉的货架期可达6～12个月。鲜肉在冻结过程中，肉中大部分的水结成冰晶，使肌纤维膜破裂，冻肉在解冻过程中，有大量的汁液流失。此外，冷冻肉在长期的冻藏过程中会出现“冻结烧”现象，水分蒸发损失，蛋白质和脂肪发生氧化，肉的品质发生劣变。

相比较而言，冷却肉在屠宰后续的加工贮运温度都控制在0～4℃，且一般要进行适当的包装，可有效地控制微生物的污染和繁殖，保证肉品品质。更为关键的是，冷却肉在冷藏过程中经历了充分的成熟嫩化过程，使肉的食用品质达到最佳状态，产品品质更加一致，是我国的发展方向。

89 什么是无公害猪肉、绿色猪肉和地理标志猪肉?

无公害猪肉是指在生产过程中严格按照国家相关法律法规的规定和标准，从种猪培育到商品猪生产、圈舍设计、饲料生产、饲养管理、疫病防治、屠宰加工、储存、运输等各个环节都经过有效而严格的管理控制，肉品的感官指标、理化指标，尤其是安全卫生指标均达到或超过国家及国际质量标准，不含有可能损害或威胁人体健康的物质，不会导致消费者发生急性、慢性毒害或感染疾病，或产生危及消费者及其后代健康的安全猪肉。目前无公害农产品的认证制度已倾向于启动食用农产品合格证制度。其中，色泽、组织状态、黏度、气味、煮沸后肉汤等感官指标应达到新鲜肉的要求，挥发性盐基氮小于15毫克/100克，汞、铅、砷、镉、铬等重金属含量分别不超过0.05毫克/千克、0.2毫克/千克、0.5毫克/千克、0.1毫克/千克、1.0毫克/千克，金霉素、土霉素、磺胺类药物含量不超过0.1毫克/千克，伊维霉素不超过0.02毫克/千克，喹乙醇、盐酸克伦特罗、莱克多巴胺等不得检出，其他农兽药残留量应符合国家规定。菌落总数不超过1×10^5 cfu/克，大肠菌群数量不超过1×10^4MPN/100克，沙门氏菌不得检出。

绿色猪肉是指在生猪养殖直至屠宰分割过程以及包装、运输等环节采取严格控制，达到《绿色食品畜肉》（NY/T 2799）标准规定的猪肉。产地环境、活畜养殖管理以及屠宰加工用水应符合《绿色食品　产地环境质量》（NY/T 391）、《绿色食品　饲料和饲料添加剂》（NY/T 471）、《绿色食品　兽药使用准则》（NY/T 472）、《绿色食品　动物卫生准则》（NY/T 473）、《绿色食品畜禽饲养防疫准则》（NY/T 1892）等的规定。其中，色泽、组织状态、黏度、气味、煮沸后肉汤等感官指标应达到新鲜肉的要求，挥发性盐基氮小于15毫克/100克、水分含量低于77%，汞、铅、砷、镉、铬等重金属含量分别不超过0.05毫克/千克、0.2毫克/千克、0.5毫克/千克、0.1毫克/千克、1.0毫克/千克，氟苯尼考、甲砜霉素、泰乐霉素、四环素/金霉素/土霉素（单体或复合物）、多西环素、伊维霉素含量分别不超过100毫克/千克、50毫克/千克、200毫克/千克、100毫克/千克、100毫克/千克、10微克/千克，磺胺类药物含量不超过0.1毫克/千克，呋喃类药物、喹诺酮类药物、喹乙醇、盐酸克伦特罗、莱克多巴胺、沙丁胺醇、西马特罗等不得检出。菌落总数不超过1×10^5cfu/克，大肠菌群数量不超过1×10^4MPN/100克，沙门氏菌、致泻大肠埃希氏菌不得检出。绿色食品由中国绿色食品发展中心认证，主要程序为企业或个人向中国绿色食品发展中心及其所在省（自治区、直辖市）绿色食品办公室、绿色食品发展中心领取《绿色食品标志使用申请书》《企业及生产情况调查表》《保证执行绿色食品标准和规范的声明》《生产操作规程》，提交公司对“基地+农户”的质量控制体系（包括合同、基地图、基地和农户清单、管理制度）、产品执行标准、产品注册商标文本（复印件）、企业营业执照（复印件）、企业质量管理手册等。省级绿色食品办公室收到上述申请材料后，进行登记、编号，对申请认证材料完成审查工作，并向申请人发出《文审意见通知单》，同时抄送中心认证处。对于申请认证材料合格的，进行现场检查和产品抽样。省级绿色食品办公室在《文审意见通知单》中明确现场检查计划，并在计划得到申请人确认后委派2名或2名以上检查员进行现场检查。检查员根据《绿色食品　检查员工作手册》（试行）和《绿色食品　产地环境质量现状调查技术规范》（试行）中规定的有关项目进行逐项检查。每位检查员单独填写现场检查表和检查意见。现场检查和环境质量现状调查工作在5个工作日内完成，完成后在5个工作日内向省级绿色食品办公室递交现场检查评估报告和环境质量现状调查报告及有关调查资料。现场检查合格，可以安排产品抽样。凡申请人提供了近一年内绿色食品定点产品监测机构出具的产品质量检测报告，并经检查员确认，符合绿色食品产品检测项目和质量要求的，免产品抽样检测。现场检查合格，需要抽样检测的产品安排产品抽样。同时开展环境监测，产地环境质量符合《绿色食品　产地环境质量现状调查技术规范》规定的免测条件，免做环境监测。根据《绿色食品　产地环境质量现状调查技术规范》的有关规定，经调查确认，有必要进行环境监测的，省绿办自收到调查报告2个工作日内以书面形式通知绿色食品定点环境监测机构进行环境监测，同时将通知单抄送中心认证处。绿色食品定点产品监测机构自收到样品、产品执行标准、《绿色食品产品抽样单》、检测费后，在20个工作日内完成检测工作，出具产品检测报告，连同填写的《绿色食品产品检测情况表》，报送中心认证处，同时抄送省级绿色食品办公室。省级绿色食品办公室收到检查员现场检查评估报告和环境质量现状调查报告后，在3个工作日内签署审查意见，并将认证申请材料、检查员现场检查评估报告、环境质量现状调查报告及《省绿办绿色食品认证情况表》等材料报送中国绿色食品发展中心认证处。认证处收到报送材料、环境监测报告、产品检测报告及申请人直接寄送的《申请绿色食品认证基本情况调查表》后，进行登记、编号，在确认收到最后一份材料后2个工作日内下发受理通知书，书面通知申请人，并抄送省级绿色食品办公室。中国绿色食品发展中心认证处组织审查人员及有关专家对上述材料进行审核，在20个工作日内做出审核结论。认证评审合格的颁发证书。

地理标志猪肉是指产自特定地域，所具有的质量、声誉或其他特性本质上取决于该产地的自然因素和人文因素，经审核批准以地理名称进行命名的产品。地理标志产品包括来自该地区的养殖产品以及原材料全部来自该地区或部分来自其他地区，并在该地区按照特定工艺生产和加工的产品。地理标志产品保护申请，由当地县级以上人民政府指定的地理标志产品保护申请机构或人民政府认定的协会和企业（以下简称申请人）提出，并征求相关部门意见。国家市场监督管理总局对收到的申请进行形式审查。审查合格的，由国家市场监督管理总局在国家市场监督管理总局公报、政府网站等媒体上向社会发布受理公告；审查不合格的，应书面告知申请人。国家市场监督管理总局按照地理标志产品的特点设立相应的专家审查委员会，负责地理标志产品保护申请的技术审查工作。国家市场监督管理总局组织专家审查委员会对没有异议或者有异议但被驳回的申请进行技术审查。审查合格的，由国家市场监督管理总局发布批准该产品获得地理标志产品保护的公告。

第九章 猪场经营管理

如何管理猪群？

（1）猪群的分类及其结构。

① 猪群分类。根据猪品种、年龄、性别、强弱等分栏饲喂，实行科学管理，防止大欺小、强欺弱和长势不均，是保证各类猪都能健康生长发育的重要措施。按照用途、生理状态和大小，将猪分为表9–1所述的各种类群。

表 9-1　猪群分类

哺乳仔猪	指出生后随母猪哺乳到断奶时为止的仔猪
断奶仔猪	指断奶后在保育栏内饲养的仔猪，通常为从断奶至70日龄的仔猪
肉猪	指仔猪断奶后只是作育肥用的猪，前期称“小肉猪”或“小架子猪”，后期称“肥猪”
后备猪	指留作种用而尚未配种的小公猪或小母猪
鉴定母（公）猪	后备猪从第一次配种、产仔直至断奶，根据其生产性能进行鉴定，决定继续留种或淘汰的猪
种母（公）猪	鉴定母（公）猪第一胎生产性能和其他方面较好，继续留作种用，即称为种母（公）猪，又称“基础母（公）猪”。大型种猪场种母（公）猪分为核心群与一般繁殖群，年龄一般在1.5岁以上，核心群种猪的年龄一般以2～5岁为宜

② 猪群结构和转群。各猪群之间有一定的比例，即猪群结构（也即各年龄的数量比例）。良好的猪群结构应该有一个能保持高生产性能、承前启后、经济合理的比例关系（表9–2）。

表 9-2　繁殖猪群中各年龄猪应占的比例

类别	占基础母猪比例（%）	基础母猪总头数（头）								占基础公猪比例（%）	基础公猪总头数（头）			
		10	20	30	40	50	80	100	200		5	10	15	20
鉴定猪（1～1.5岁）	40	4	8	12	16	20	32	40	80	40	2	4	6	8
基础猪	100									100				
1.5～2岁	35	3	6	10	14	17	28	35	70	30	2	3	5	6
2～3岁	30	3	6	9	12	15	24	30	60	20	1	2	3	4
3～4岁	20	2	4	6	8	10	16	20	40	20	1	2	3	4
4～5岁	10	1	2	3	4	5	8	10	20	20	1	2	3	4
5岁以上	5		2	2	2	3	4	5	10	10		1	1	2
核心群母猪 2～5岁	25	3	5	7	10	13	20	25	50					

注：核心群母猪包括在基础母猪内，主要提供种用后备猪。
　　品质优良的青壮公、母猪（1.5～4岁）在基础群中应保持80%～85%。
　　公猪与基础母猪的比例：自然交配为1∶（20～30）。

为了使种猪群每年的生产水平保持相对均衡，应每年进行更新、淘汰，其淘汰比例大约是全部基础母猪数的25%～30%。同时要有鉴定母猪转入种母猪群。但是，从鉴定母猪转为种母猪，并不是每头都是合格的，因此，鉴定母猪应稍多些，约为种母猪数的30%～35%，在转群过程中可再淘汰5%。同样，后备母猪又要比鉴定母猪多5%。因此，每个场每年留后备母猪数量约为该场基础母猪数的35%～40%，经过鉴定、淘汰部分，最后以基础母猪数的25%～30%比例进入基础母猪群（表9-3）。

猪群的变动即猪群的周转，一般应遵守如下原则：

① 后备猪8～10月龄，由配种转为鉴定猪群。

② 鉴定群母猪分娩后，根据其生产性能（产仔数和仔猪育成率等情况），确定转入一般繁殖母猪群或基础母猪群，或作核心母猪，或淘汰作育肥猪。鉴

定公猪，生产性能优良者转入基础公猪群，不合格者淘汰作育肥猪。

③ 基础母猪5岁以后，生产性能降低者淘汰作育肥猪。种公猪在利用4～5年后也做同样处理。种母猪的生产能力一般在3～8胎时最高。因此，多数猪场在母猪产6～8胎后淘汰（即养到5岁左右）。

表 9-3　后备母猪和鉴定母猪选留比例

选留阶段	占基础母猪 %	基础母猪总头数							
		10	20	30	40	50	80	100	200
断乳时选留头数									
配种时选留头数	60	6	12	18	24	30	48	60	120
鉴定母猪头数									

一个100头基础母猪群的组成与周转情况如图9-1。

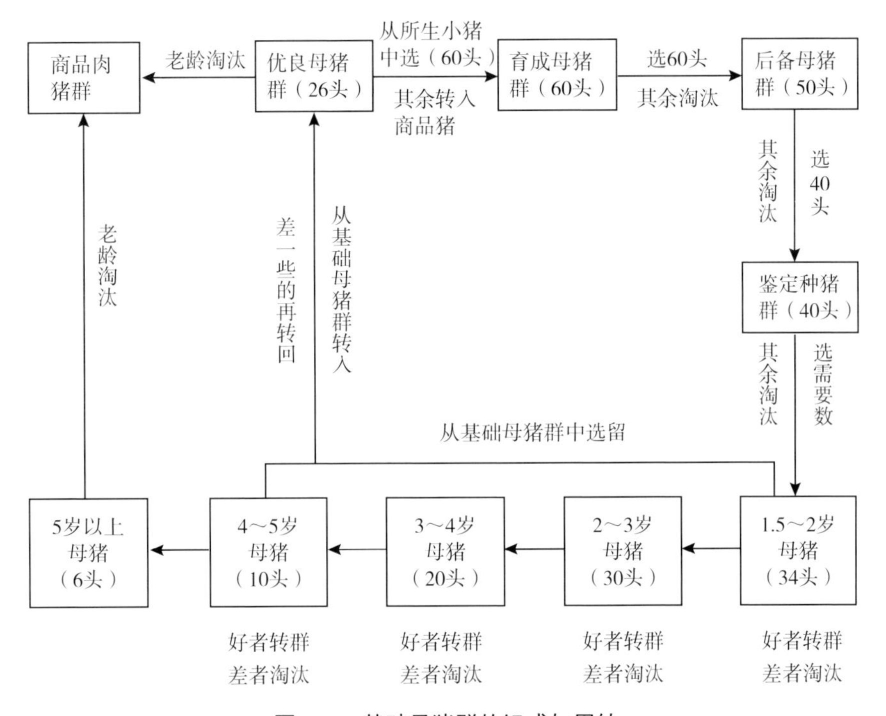

图 9-1　基础母猪群的组成与周转

（2）猪的编号与生产中的各项记录。

① 猪的编号。在育种场或纯繁场，为了选留后备母猪和育种、科研的需要，必须在仔猪出生时给其编号。常用的编号法是剪耳法，即在仔猪的耳朵上，用耳号钳剪出几个缺刻，每一缺刻代表一定数字，各缺刻之和即为该猪的号码。缺刻代表的数字，目前全国虽无统一标准，但大致有两种方法。

“上1下3”法：该法规定，在右耳上缘一个缺刻代表1，下缘一个缺刻代表3，耳尖一个缺刻代表100，耳中部一个圆洞代表400。左耳相应部位分别为10，30，200，800（图9–2）。

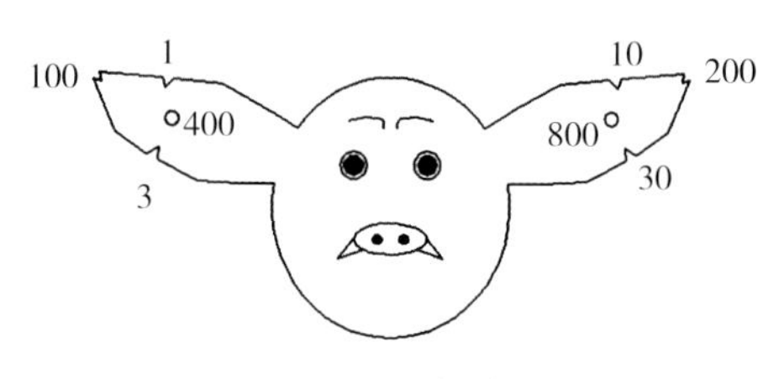

图9–2　耳刻编号

“个、十、百、千”法：该法规定，右耳下缘为个位，上缘为十位，左耳上缘为百位，下缘为千位。近耳尖处为1，近耳根为3。

仔猪编号多在出生时进行，同时称重。一般公猪为单号，母猪为双号。在规模较大的猪场，每年从1月1日开始重新编号。

② 生产中的各项记录。猪群的各种生产记录是规模化养猪场生产不可忽视的重要工作内容。没有一个标准化的记录，无法对种猪的性能进行分析，更不能评判猪场的经营效果。因此，要认真做好日常的记录，同时应及时进行整理和分析。重要的生产记录有配种记录、产仔哺育记录、公猪生长发育记录、公（母）猪系谱卡、猪群变动表等（表9–4至表9–13、图9–3）。

表9-4　配种记录

母猪		拟配公猪				配种日期						预分日期	分娩日期
耳号	品种	主配		后补		第一次配种		第二次配种		第三次配种			
		耳号	品种	耳号	品种	日期	与配公猪	日期	与配公猪	日期	与配公猪		

表 9-5　产仔哺育记录

母猪号		品种			胎次		与配公猪号		品种				
配种日期		配种方法			分娩日期		妊娠天数（天）		近交程度				
仔猪序号	耳号	性别	乳头数（个）		初生重（千克）	21日龄窝重（千克）	断奶重（千克）	毛色	带仔母猪号		推广		
			左	右					出	入	日期	体重（千克）	地点
1													
2													
3													
⋮													
19													
20													
死胎													
畸形													
合计平均													

表 9-6　公猪生长发育

测定日期	月龄	体重（千克）	体长（厘米）	胸围（厘米）	体高（厘米）

表 9-7　公猪系谱卡

公猪号__________

出生日期		出生地点		进场日期		离场日期		离场原因		
品种		近交程度		初生重（千克）		断奶重（千克）				

外形特征

表 9-8　母猪系谱卡

出生日期		出生地点		进场日期		离场日期		离场原因		
品种		近交程度		初生重（千克）		断奶重（千克）		乳头数（个）	左	右

外形特征

表 9-9　猪群变动表

饲养员＿＿＿＿＿＿　　　　　　＿＿年＿＿月＿＿日

群别	项目	1	2	3	4	5	6	7	8	9	10	11	…	…	31	总饲养日	平均存栏
	现存																
	转入																
	转出																
	出售																
	死亡																
	现存																
	出生																
	调出																
	调入																
	死亡																
现存栏合计																	

表 9-10　公猪配种成绩

配种日龄＿＿＿＿＿＿　初配体重（千克）＿＿＿＿＿＿

时期	与配母猪				产仔数（头）			初生重（千克）					日龄断奶重（千克）					留种仔猪数（头）	备注
	总数	正常分娩	流产	受胎率	窝数	产仔数	平均每窝	窝数	头数	总量	平均		窝数	头数	总重	平均			
											每窝	每头				每窝	每头		

表 9-11　产仔哺乳记录

初娩日龄________ 初娩日期________ 初配体重（千克）________

胎次	与配公猪		分娩日期			产仔数（头）				初生重（千克）			21日龄（千克）			断奶重（千克）			失配次数	寄养头数（头）	留种仔数（头）	备注
	耳号	品种	年	月	日	死胎	畸形	总数	成活数	头数	窝重	头重	头数	窝重	头重	头数	窝重	头重				

表 9-12　种猪生长发育记录

测定日期			猪号	品种	日龄	体重（千克）	体长（厘米）	胸围（厘米）	背膘厚/体况
年	月	日							

表 9-13　饲料消耗记录

饲喂日期		头数	配合精料（千克）			糟渣类（千克）				青饲料（千克）						备注
月	日		料号	日定量（头）	用量	定量	用量	定量	用量	定量	用量	定量	用量	定量	用量	

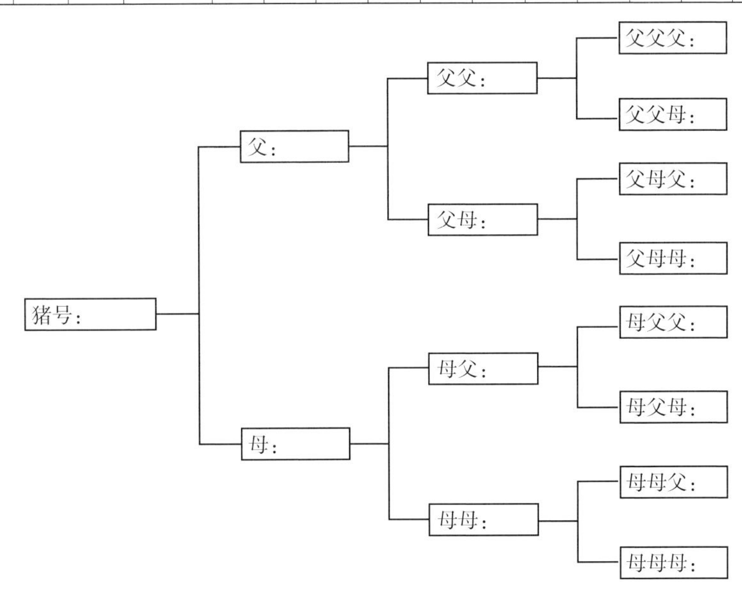

图 9-3　系谱（填耳号）

91 如何计划管理?

规模化养猪场必须实行科学管理，年初要制定各项计划，根据计划实行目标管理，使全场上下任务明确，以调动生产积极性，搞好养猪生产。各项计划包括生产计划、基础维修计划、饲料生产与采购计划以及物资消耗、设备购置、产品销售、疾病防治、劳务、财务收支计划等。

要制定好这些计划，首先应当了解有关指标的计算方法和生产水平，以及必要的养猪生产参数。

（1）若干指标的计算。

① 繁殖指标（表9–14）。

表 9-14 繁殖指标

指标	公　　式
配种率	已参加配种的母猪数/能参加配种的母猪数 ×100%
受胎率	（受胎母猪数+流产母猪数）/配种母猪数 ×100%
分娩率	产仔窝数/配种受胎数 ×100%
育成率	育成仔猪数/（产活仔猪数−寄出仔猪数+寄入仔猪数）×100%

② 生长育肥指标（表9-15）。

表 9-15 生长育肥指标

指标	公　　式
日增重	（末重−始重）/饲养天数，克/天
出栏率	期内出栏肉猪数/期初存栏数 ×100%

③ 产肉与肉质指标。包括屠宰率、胴体瘦肉率、平均背膘厚（表9–16）。

表 9-16　产肉与肉质指标

指标	公　式
屠宰率	胴体重 / 宰前活重 ×100%
胴体瘦肉率	瘦肉重 /（胴体重－板油和肾脏－作业损耗）×100% 或瘦肉重 /（皮重＋骨重＋脂肪重＋瘦肉重）×100%
平均背膘厚	（A+B+C）/ 3 其中，A 是肩部最厚处背膘厚（厘米），B 是胸腰椎结合处背膘厚（厘米），C 是腰荐结合处或第 6、第 7 根肋之间的背膘厚（厘米）

④ 饲料报酬，或称饲料转化率，即人们常说的料重比。

饲料报酬（饲料转化率）＝饲料消耗量 / 活体增重。

（2）养猪生产的参数。为了准确计算企业内不同时期各种生产群的存栏数，并据此计算出各阶段猪舍所必需的（猪）栏位数、饲料消耗和产品产量等，都必须根据本企业猪群的遗传潜力、生产水平、经营管理水平和技术水平等实际状况，切实掌握各阶段的必要参数。在估计各种参数时，一定要贯彻实事求是的原则，否则，就不可能实现有计划的生产和全进全出的流水线式生产过程。现以 100 头成年母猪年产 1700 ～ 2000 头商品肉猪的猪场为例，介绍主要的技术与生产参数及存栏情况，详见表 9–17 和表 9–18。

表 9-17　100 头母猪规模养猪生产参数

	一般水平	较高水平	项　目	一般水平	较高水平
繁殖（生产）节律（天）	7	7	不同日龄猪的体重（千克）		
情期配种受胎率（%）	85	90	初生	1.2	1.5
分娩率（%）	85	90	36 日龄	7	9
窝总产仔数（头）	12	13.5	70 日龄	20	25
窝产活仔数（头）	11.5	12.5	180 日龄	80	100
不同日龄幼猪死亡率（%）	13	8	不同日龄猪日增重（克）		
0 ～ 35 日龄	8	5	0 ～ 35 日龄	200	260
35 ～ 70 日龄	3	2	35 ～ 70 日龄	400	460
70 ～ 180 日龄	2	1	70 ～ 180 日龄	550	680

（续）

	一般水平	较高水平	项　目	一般水平	较高水平
两胎间隔时间（天）	150	142	母猪年产活猪重（千克）	2000	2500
断奶至配种（天）	7	5	屠宰率（%）	72	76
妊娠期（天）	114	114	胴体重（千克/头）	70	80
哺乳期（天）	28	21	母猪年产胴体重（千克）	1400	1800
母猪年产仔窝数	2.2	2.5	胴体瘦肉率（%）	60	66
母猪年提供商品猪（头）	20	25	母猪年提供瘦肉重（千克）	850	1000

表9-18　100头母猪场经常存栏猪数

群别	存栏头数
种公猪	2
后备公猪	1
成年母猪	120（含后备猪）
待配群	24
妊娠群	72～96
分娩群	24
后备母猪	10（陆续补充）
各日龄幼猪	1052～1191
0～35日龄	216～239
35～70日龄	206～232
70～180日龄	630～720
全场存栏猪数	1185～1324

各种猪舍多少，由母猪繁殖周期决定。正常情况下，在配种间的时间为30天，妊娠舍为89天，在产房的时间则根据哺乳期的长短而定。100头母猪舍的分布和产仔窝数情况见表9-19。

表 9-19　100 头母猪的分布

断奶日龄（天）		21	28	35	42		
繁殖周期（天）		150	157	164	171		
配种舍中头数		20	19	18	17		
妊娠舍中头数		59	57	54	52		
产房中头数		21	24	28	31		
每头母猪年产仔窝数		2.43	2.33	2.33	2.14		

（3）各种计划的制定。在各种生产计划中，最主要的是猪的配种分娩计划和猪群周转计划。制定配种分娩计划时需要上一年最后4个月母猪配种情况，母猪本年度分娩胎数，每胎产仔数，仔猪成活率，计划淘汰公、母猪数量和具体月份。根据各种猪的淘汰、选留、出售计划，累计出各月份猪头数的变化情况，并填入猪群周转计划表。后备公、母猪在初配后即转入基础母猪群或淘汰，鉴定公猪可等到与其相配的母猪产仔后经鉴定转入基础公猪群或淘汰。猪的配种分娩计划表和猪群周转计划表分别见表9–20和表9–21。

表 9-20　年度猪配种分娩计划

年度	月份	配种数（头）			分娩数（头）			产仔数（头）			育成仔猪数（头）		
		经产母猪	初产母猪	小计	经产母猪	初产母猪	小计	经产母猪	初产母猪	小计	经产母猪	初产母猪	小计
上年度	9												
	10												
	11												
	12												
本年度	1												
	2												
	3												
	4												
	5												
	6												

（续）

年度	月份	配种数（头）			分娩数（头）			产仔数（头）			育成仔猪数（头）		
		经产母猪	初产母猪	小计	经产母猪	初产母猪	小计	经产母猪	初产母猪	小计	经产母猪	初产母猪	小计
本年度	7												
	8												
	9												
	10												
	11												
	12												
全年合计													

根据猪群周转计划中各月份不同猪群的存栏数，以及各类猪群饲喂日粮的定量标准，制定饲料需要计划。计算公式如下：

各月份某类饲料需要量＝日粮中某类饲料每头定量×该猪群月存栏头数×该月实有天数。

表9-21　年度猪群周转计划

项目 \ 头数 \ 月份		上年存栏	1	2	3	4	5	6	7	8	9	10	11	12	合计
基础公猪	月初数														
	淘汰数														
	转入数														
鉴定公猪	月初数														
	淘汰数														
	转出数														
	转入数														
后备公猪	月初数														
	出售或淘汰数														

（续）

项目 \ 头数 \ 月份		上年存栏	1	2	3	4	5	6	7	8	9	10	11	12	合计
后备公猪	转出数														
	转入数														
经产母猪	月初数														
	淘汰数														
	转入数														
初产母猪	月初数														
	淘汰数														
	转出数														
	转入数														
哺乳仔猪	0～1月龄														
	1～2月龄														
断奶仔猪	2～3月龄														
	3～4月龄														
后备母猪	4～5月龄														
	5～6月龄														
	6～7月龄														
	7～8月龄														
	8～9月龄														
商品肉猪	5～6月龄														
	6～7月龄														
	7～8月龄														
	8～9月龄														
	9～10月龄														
	10～11月龄														
	11～12月龄														

（续）

项目 \ 头数 \ 月份		上年存栏	1	2	3	4	5	6	7	8	9	10	11	12	合计
月末存栏总数/头															
出售淘汰总数	出售断奶仔猪														
	出售后备公猪														
	出售后备母猪														
	出售肉猪														
	淘汰成年猪														

根据饲料计划、猪群各生产计划和收入支出等制定全年财务计划（表9–22）。

表 9-22　年财务收支计划

收入		支出		备注
项目	金额（元）	项目	金额（元）	
一、养猪收入 仔猪 肉猪 猪产品加工 粪肥 对外配种 二、农业收入 作物 饲料 三、副业收入 磨粉 制粉条 做豆腐 榨油 做豆制品 造酒 四、其他收入		种（苗）猪费 饲料费 劳动工资 燃料费 工具费 医药费 种子费 肥料支出 农药费 管理费 折旧费 基建费 维修费 大型设备购置费 公共福利费 教育培训费 水、电费 其他费用		
盈利		亏损		
合计				

各种计划都是由计算求得的，而计算的基础则是各种定额（表9–23）。

表 9-23　劳动定额

劳动手段定额	即完成一定生产任务所规定的机器设备或其他劳动手段应配备的数量标准，如拖拉机、饲料加工机具、饲喂工具和猪圈等
劳动力配备定额	即按生产实际需要和管理工作需要所规定的人员配备标准，如每个饲养人员应负担的各类猪头数、机务人员的配备定额、管理人员的编制定额等
劳动定额	即在一定质量要求下规定的单位工作时间内完成的工作量或产量
物资消耗定额	即为生产一定产品或完成某项工作所规定的原材料、燃料、工具、电力等的消耗标准，如饲料消耗定额、药品消耗使用定额、工具消耗定额
工作质量和产品质量定额	如母猪的受胎率、产仔率、成活率、肉猪出栏率及人员出勤率等
财务收支定额	即在一定的生产经营条件下，允许占用或消耗财力的标准，以及应达到的财务标准，如资金占用定额、成本定额、各项费用定额以及产值、收入、支出、利润定额

（4）建立生产责任制和技术保证措施。生产责任制是进行有秩序生产、养好各类猪和提高饲养人员积极性的重要措施（表9–24）。

表 9-24　生产责任制

岗位责任制	即规定一定时期内必须完成符合质量要求的作业数量或应饲养的定额。如在一般条件下，一个饲养员应管理母猪15～20头，种公猪10～15头，断奶仔猪（2～4月龄）150～200头，4月龄以上肉猪80～100头。根据猪群规模、机械化程度及饲养条件不同可增减
产量责任制	即在包工的基础上，联系产量计酬和实行奖赔的常年生产责任制。“定包”一般包括以下指标： ① 繁殖指标，即基础母猪和鉴定母猪每年产仔的胎数、每胎产仔数、仔猪成活率以及仔猪断奶时的窝重 ② 增重指标，即在一定的饲养条件下，断奶仔猪、后备猪和育肥猪每日、每月和一定饲养期的增重和应达到的个体活重 ③ 消耗指标，即规定各群猪月、年消耗的各种饲料、物资、医疗费等
技术实施措施	主要包括日粮配合、饲养技术、饲料的加工与调制、繁殖方法、各类猪的利用年限与更新、猪舍与用具的定期消毒、定期驱除体内外寄生虫、定期灭鼠，以及防寒防暑措施等
随时掌握财务收支情况以指导生产	饲料采购与消耗，种猪和后备猪的购进，肉猪、断奶仔猪与猪肉加工产品的出售，副业产品的数量和出售，药品消耗，用电、燃料及其他支出费用等，都要设专账记载清楚。在此基础上才能进行成本核算，并得出每产1千克猪肉的成本和饲料消耗量，以便随时了解生产的盈亏，总结经验和解决存在的问题

92 如何进行成本核算？

养猪生产中的各项消耗，有的直接与产品的生产有关，这种开支叫直接生产费，如饲养人员的工资和福利费，饲料费和猪圈折旧费等；另外还有一些间接费用，如场长、技术人员和其他管理人员的工资、各项管理费等。费用支出主要有以下各项（表9-25）。

表 9-25 成本核算

费用支出	解释
工资	指支出场长、技术员、其他管理人员及直接从事养猪生产的饲养人员的工资和福利费
饲料费	指饲养中直接用于各猪群的本场生产和外购的各种全价饲料或饲料原料的费用
种（苗）猪费	指购进种猪及苗猪的费用
燃料和动力费	指饲养中消耗的燃料和动力费用
医药费	指猪群直接耗用的药品费
固定资产折旧费	指猪群饲养应负担能直接记入的圈舍折旧费和专用机械折旧费
固定资产维修费	指上述固定资产的一切修理费
低值易耗品费	指能够直接记入的低值工具和劳保用品的费用
其他直接费	不能直接列入以上各项的直接费用，均列入其他直接费

以上各项成本费用的总和，就是该猪场的总成本。

总利润（或亏损）额=销售收入－生产成本－销售费用－税金。

93 什么是批次化管理？

（1）概念。批次化管理最早应用在工业生产中，逐渐被母猪生产所等应用。母猪的批次化生产技术起源于欧洲，目前已在欧美等国广泛应用。随着猪场规模化程度越来越高，传统的养殖生产模式已不能适应现代化养猪的要求，批次化生产管理模式逐渐被国内养猪界重视。母猪批次化生产管理技术不是单一的一项技术，而是一套管理体系，根据母猪群规模分群，借助一系列生物技术——同期发情、同步排卵、定时输精、同期分娩，调整猪场生产节奏，将猪群划分批次按计划组织生产，真正实现从母猪到断奶仔猪及育肥猪这一整个繁育期的全进全出，是一种高效的管理体系。

（2）优势。

① 有利于猪场制定均衡的生产管理计划，并有效实施生产，使现有的设施设备得到充分利用，从而实现产能最大化。

② 应用批次化生产管理技术可以产出健康状况良好的猪群，可减少药物的使用，节省疫苗支出，提高饲料转化率，节约饲养及药物成本。

③ 进食的饲料蛋白质可以完全消化吸收，改善饲料效率。

④ 应用批次化生产管理技术可以实现全进全出，防止猪只间的水平交叉感染，有效阻断疾病的传播，控制突发性流行疾病的发生，可针对感染批次实施特定治疗，从而降低死亡率，提高健康水平。

⑤ 有利于控制猪舍环境温度及通风，按照不同批次日龄体重或公母分栏饲养猪只，给予精准营养日粮，达到精准饲养的目的。

⑥ 哺乳仔猪容易寄养，弱猪重点防护，饮水及饲养可依批次和单位个别监视使用量，容易整批出售仔猪或肉猪，数量大且断奶成活率和整齐度高。

⑦ 应用批次化生产管理，可以将主要的饲养技术及人力集中在配种及分娩工作上，时间更加集中，节省工作时间，提高管理效率。将时间及精力专注在猪场最重要的地方，使工作量更加集中，同时员工的休假等空闲时间容易安排，畜舍硬件的维修、清洗及消毒可大规模彻底进行，减少了猪只移动与清洗空栏的频率。

⑧ 后备种猪可实现定时定量补充，有效稳定胎龄结构。

（3）几种类型。母猪的批次化生产管理技术可以按照每个批次间的时间间隔不同，分为1周批次、2周批次、3周批次、4周批次和5周批次，每个类型的批次化生产有其不同的适用范围。1周批次生产适用于规模比较大的养猪场，比较灵活，便于调整每天的工作任务，但是该模式要求比较高，每周的工作量都比较大，很难做到严格的批次化生产；2周批次生产工作计划性强，效率较高，农场的能源利用率高，缺点就是泌乳母猪不易入群；3周批次生产最大的优点是返情的母猪恰好落入下一批次管理中，更好调整工作计划，空栏时间更长，但是存在产能利用率低的缺点，对公猪的要求比较高，会有精液的浪费；4周批次和5周批次生产适用于小规模的猪场，产能利用率比较高，缺点是一批的猪群体量比较大，规律返情的母猪不好安排；对公猪的要求比较高，精液有浪费，产房的空栏时间也不足。在实际生产当中，要根据不同的规模和需求，选择合适的批次化生产方式。

（4）注意事项。

① 母猪批次化生产管理技术对人员素质和责任心要求比较高，在员工招聘及培训工作上要下功夫。

② 母猪批次化生产管理技术对母猪发情诱情、发情鉴定、配种技术上有高标准要求。应提前做好配种目标生产计划和后备猪引种选留计划，掌握母猪乏情处理技术、定时输精技术。另外分娩床舍及下游猪舍的数量，在新场设计、旧场导入时都必须做好计划。

③ 对数据统计管理分析技术要求更精确，要求有真实可靠的数据，最好使用猪场智能管理软件，可以及时、准确反映每批猪的生产状况。

④ 对设备设施的要求更高，最好能配备人工智能系统，减少人为因素的干扰。

⑤ 充分考虑季节、疫病及其他不确定因素对配种分娩率的影响，及时调整分娩率。

⑥ 人工授精技术尤其是深部输精技术是猪场批次化生产必备的技术，有助于提高公猪、精液利用率。

⑦ 不适合批次生产模式的环节要淘汰，存在繁殖障碍或生产异常的母猪要及时淘汰，同时要有额外的后备母猪增补上去。

94 什么是精细化管理？

精细化养猪可以概括为5个字，即精、细、严、快、稳。

（1）精——技术上要精益求精。养猪不是高技术行业，但也存在一定的技术含量。养猪五大环节中任何一项都需要技术支撑。一个猪场需要适合本地和本场的品种，需要适合本场猪只的营养，还需要适宜的环境条件，需要完善的猪群保健措施，还需要将所有技术措施落实下去的管理技术。精湛的技术是多年不断学习与总结的积淀。技术不精是困扰我国养猪业发展的重要因素。设计一个猪场，猪舍大小尽可能以周为单位转群，以达到全进全出的要求；猪舍设计要考虑到当地气候条件，以解决通风、保温、采光等的要求；猪舍地势高低更是影响舍内小气候的因素；而如果把粪场和装猪台放在上风向则更是害处多多；如果不考虑技术因素，设计出的猪场始终会存在隐患。营养供应需要技术，自己配出的饲料一般不如饲料公司生产的饲料，因为饲料公司在营养方面考虑得更全面，有更高的性价比。合理的饲喂程序可保证猪在各阶段的最佳营养需求，以防止营养落差引起的猪群不适。环境不理想是许多猪场问题的根源，在舒适的环境中猪只会保持很强的抗应激能力，身体的抗病机制比较完善；环境不适的应激是导致猪只抗病能力降低的最大因素。冬天传染性胃肠炎，是因为气温低；夏天易发生附红细胞体病和乙脑，是因为和蚊子有关；秋冬季易发生呼吸道病，是因为气温变化大，保温会引起舍内空气质量不良。在养猪各环节中，种猪阶段是技术含量最高的阶段，现在许多高新技术对猪只的生产水平提高起到了非常大的作用；比如基因技术，让引进品种的繁殖能力得到大幅度提高，大白或长白母猪胎产14头以上活仔已经变得很容易；批次生产采用同期发情技术，给生产管理带来了非常大的方便；而光照刺激促进母猪发情的技术也越来越被养猪场接受，充分合理利用这些技术，是提高生产水平的重要手段。

（2）细——管理上要细。在生产上，许多问题不是出在技术上，而是出在管理上，一个细节的不注意会造成不可挽回的损失。温度计悬挂在两米高处，会比在50厘米处高2℃；猪只躺在干燥的木板上比躺在潮湿的水泥地面上，有效温度高10℃以上；猪舍中间的温度与靠近门口处有很大差别；这些是环境因素的细节。现在保育阶段呼吸道疾病严重，发生的起因不完全是细菌和病毒感染，也可能是门窗没关严时冷风的吹入，也可能是买淘汰猪的车走后未进行场地消毒，也可能是外来参观者未履行消毒程序进场，也可能是一只老鼠、一只麻雀。这些都可能造成传染病的暴发，所以不能忽视任何一个细节。种猪场给生后的小母猪肚上贴一块胶纸（称为乳罩），是为了保护小猪乳头不被伤害，这样可能使种猪的合格率提高；在母猪栏上方挂一个母猪卡，可以明确知道母猪配种、预产、加料情况；泌乳母猪按喂料牌添料，可以考虑到每头母猪的体重、带仔头数、产后日龄等。许多猪场遇到冬季猪生长缓慢的情况，多是因为没有注重细节。冬季气温低，需要饲料中能量的浓度更高，而冬季的玉米水分大且杂质多是不争的事实，这样的玉米配合出的饲料会出现能量不足；而猪的采食量有限，所以也就出现了因能量不足导致的生长缓慢。低温季节应给自由采食的猪添加油脂，给限制采食的猪增加玉米比例、降低豆粕比例，同时增加日喂量也是必要的。国外许多猪场在母猪产后，都会由人给猪提供饮水，而不是让猪自己去喝水；理由是猪在产后非常虚弱，即使渴了，也不愿起来喝水，这样就会出现母猪缺水问题；由人将水喂到猪嘴里，看似简单的一项操作，却有着很高的技术含量。

（3）严——操作要到位。每一项措施都要靠具体人员操作，如果管理不严，饲养人员未按技术要求去操作，效果会受到影响。比如，给猪打疫苗时，要求每猪打苗3毫升，但如果防疫员在注射时没保定猪，猪在跑动过程中将苗打入，也可能将苗全部打入肌肉内，也可能只打入一部分，也可能打在脂肪内。如果打得剂量不足，不能产生足够的免疫力，如果将苗打在脂肪内，不能及时吸收，疫苗遇热失效，也达不到应有的效果。消毒时，影响消毒效果的因素很多。如果在满是粪便的猪栏消毒，消毒药品遇到有机物失效，是不会有好的消毒效果的，所以消毒前必须将场地清理干净。严，也就是执行力，令行禁止，正是现在猪场最需要的。

（4）快——速度要快。主要体现在发现问题要快，反映问题要快，处理问题更要快。曾有一个猪场发生霉玉米中毒，专家建议马上停用原饲料，改用全价料或质量好的料，但由于场领导处理不及时，中毒症状一天天加重，造成很大经济损失。

（5）稳——稳定运作。一个优秀的猪场需要稳定的猪群，各年龄段结构合理；需要稳定的人员队伍，管理人员、技术人员、饲养人员要配置合理，既有生产部门的努力工作，还需要后勤部门的保障；同时也需要稳定的饲料，稳定的饲喂程序，稳定的购销网络等。例如有一个猪场由于计划不周，配种数量达到正常的1.5倍；到产仔时产床不够用，只好超早期断奶；保育床不够用，提前转入生长舍；人员不够用，管理技术人员亲自动手；结果全场忙得团团转，但仔猪死亡增加，职工情绪低落，生产水平下滑。人员不稳是制约养猪生产水平提升的瓶颈，主要体现在以下方面：一是后备力量不稳，好不容易培养出来的年轻力量，可能突然失去。二是季节性的不稳，如春节前后、夏收秋收前后，都是人员不稳的时段，人员的突然缺乏会使生产管理陷入混乱，不得不一个人干两个人的活，工作质量无法保证，各种问题都会出现。精细养猪就是要在细节上下功夫，防止任何一个小的失误，堵住每一个小的漏洞，要时刻牢记“千里之堤，溃于蚁穴”的教训。猪场管家是一款结合互联网+、移动互联网及大数据趋势开发的大型猪场管理软件，实现28项生产效率指标、精准成本分析管理、多样化的数据表格、精细化的数据管理，集数据收集管理分析于一体，成本核算精确到猪只，批量导入各种生产数据，依托强大的功能，人性化的操作，可满足猪场的日常生产管理需求，指导猪场的生产，提高生产效率和猪场效益。

95 养猪经济效益及其影响因素的分析？

随着市场经济的发展，养猪生产由家庭副业逐渐成为一个重要的产业，这就要求养猪生产者提高科学养猪生产技术，创取较高的经济效益，否则将在激烈的市场竞争中被淘汰。影响养猪经济效益的因素是多方面的，总结起来有内部和外部两方面。外部因素有市场需求、供销渠道、价格政策等；内部因素有猪种及其繁育技术、饲料和饲养技术、疾病防治及基础设施和环境条件等（图9–4）。

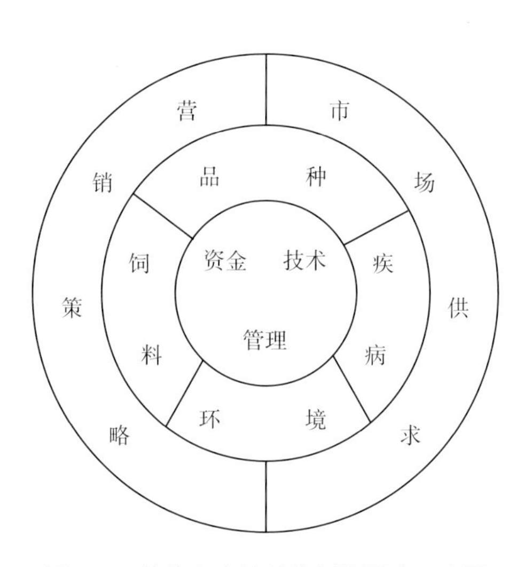

图9–4　养猪生产效益的制约因素示意图

（1）养母猪的经济效益及其影响因素。养母猪的收入主要包括出售断奶仔猪和出售淘汰母猪等，支出内容主要包括购种猪款（母猪、公猪）、饲料费

（母猪、仔猪、种公猪及后备母猪）、医药费、水电费、猪舍折旧费、人员工资、管理费等。

养母猪的经济效益高低与母猪的年生产力直接相关。母猪的生产力是指每头母猪一年所能提供的育成仔猪数及其所提供的年产肉量。影响母猪年生产力和经济效益的因素主要有如下几点。

品种：母猪的品种和杂交组合不同，产仔数及仔猪的育成率也不一样。

市场波动情况：这不仅直接影响母猪本身的饲养成本，而且影响苗猪的销售价格和渠道，从而影响母猪的经济效益。

生产组织与管理：生产组织与管理水平高低直接影响母猪生产的每一个环节，是影响母猪生产水平的一个重要因素。

饲料来源与供应情况：饲料来源广泛，供应充足，能确保以较为理想的价格购入优质的饲料，不仅可以降低饲料成本，而且可以提高母猪生产水平。

猪舍的利用率：如果一个猪场结构布局合理，猪群生产组织得法，则整个生产的每一个环节均能确保高效。

劳动生产率：劳动生产率是以劳动定额（每个劳动力所饲养猪的头数）和每个劳动力所创造的产品数量及产值来衡量的。一些先进国家每生产一吨猪肉平均用工时不足10个，而我国则是其几倍甚至更多，如果劳动生产率在现有基础上提高一倍，则将节省50%劳动力及其费用。规模化养猪实行专业化管理，有助于劳动生产率的提高。

（2）养肉猪的经济效益及其影响因素。养肉猪能否赚钱？能赚多少？投入和产出的比例如何？这些都是准备养肉猪者关心的问题。养肉猪的收入主要有出售肉猪、猪粪款，支出主要有苗猪款、饲料费、医药费、水电费、猪舍折旧费、人员工资、管理费等。

影响养肉猪的经济效益的因素包括内部因素和外部因素。内部因素包括肉猪生长的快慢、耗料高低、死亡多少等。这些受到猪种及其杂交组合、饲料营养、饲养管理技术、疾病防治技术制约。外部因素包括饲料价格和生猪价格的变化，其受饲料市场和猪肉市场上的猪粮比价、猪肉供求关系制约。

养肉猪能否赚钱和赚多少钱的问题，就要看上述内外因素的影响如何。当内部潜力充分发挥，并能及时了解市场信息，拓宽销售渠道，就有可能赚钱。若对市场价格周期的估测正确，就有希望取得更大的经济效益。

 什么是养猪生产盈亏风险及其抵御措施？

多年来，我国养猪业的发展是呈现波浪式的，周期长短不一。改革开放以来，随着市场经济的发展，市场对养猪生产的调节功能日益加强，周期性短缺与过剩波动明显化，因此，投资规模养猪生产也带有一定的风险。

猪价波动轨迹基本上遵循“猪少价高，利大多养，猪多价低，利小少养”。猪价波动原因主要有如下几个方面：一是市场需求的影响；二是猪粮比价的作用；三是生产经营规模过小，对信息了解滞后，盲目性大，加剧了市场价格和生产的波动；四是生猪品质不高；五是猪产品加工业落后于养猪业的发展，加工业规模小，档次低，原料型多，制成品少，粗加工多，精加工少，致使养猪业增值程度低，不能调剂市场淡旺。

目前我国发展规模化养猪面临的困难主要包括：一是饲料资源不足，尤其是蛋白质饲料严重缺乏；二是饲料价格过高，猪粮比价不合理；三是基础设施薄弱，良种化程度不高，生产水平较低；四是社会化服务体系不健全，产供销脱节，对规模养猪的宏观调控科学性和超前性差。

为适应市场需要，抵御养猪生产的风险，所采取的相应对策主要有：一是开发饲料资源；二是按照市场经济要求，优化产品结构，提高商品猪质量；三是加强基础建设，包括良种繁育体系和饲料工业体系、卫生防疫体系；四是适度规模经营，加速产业化进程，开发深加工；五是最好能理顺猪粮比价，使养猪生产者有利可图，一般以不低于6∶1，最好在（7～8）∶1。

养猪生产者应在生猪发展周期中估测猪价的波动，决策投入可退出、扩大或缩小养猪生产。当猪价低、利润少时，投资或扩大养猪生产较理想。而在养猪生产盈利高峰时，应逐步缩小甚至临时停止养猪生产，可谓“见好就收”。如决策得当，就可获取最大利润。

 如何提高规模养猪场的经济效益？

规模养猪场要提高经济效益需从3个方面来抓，即降低饲料费用、提高母猪单产和提高经营管理水平，其详细途径和方法见图9-5。

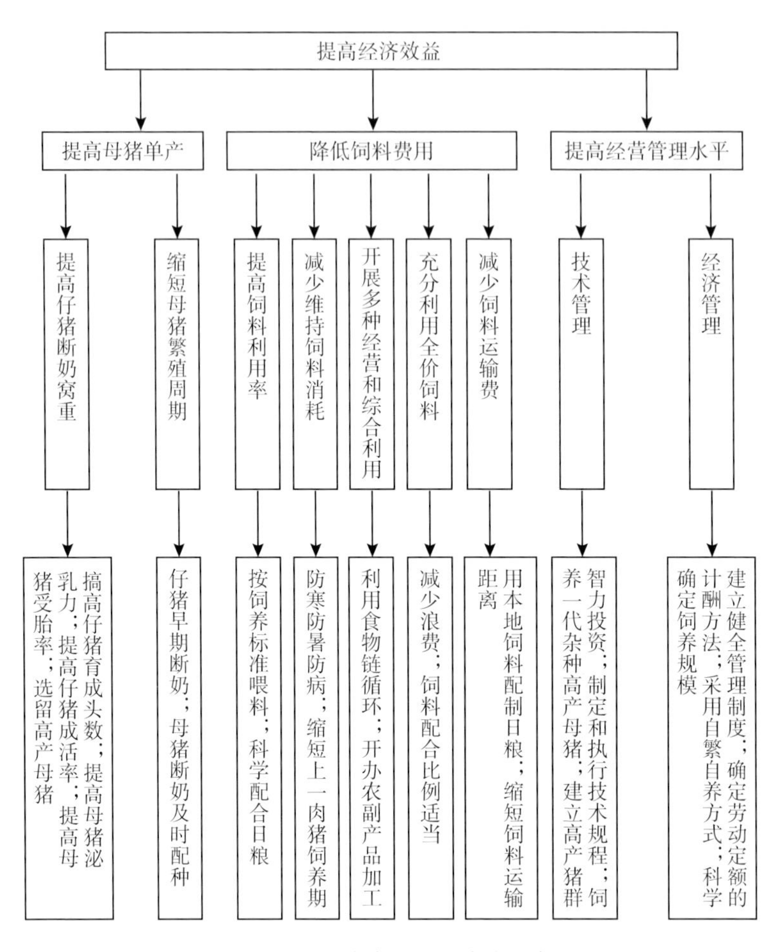

图9-5　提高养猪场经济效益的途径

98 怎样进行规模养猪经营方式的选择？

（1）经营类型及制约因素。我国规模养猪生产经营方式的特点是多种经营形式并存，主要有专业户养猪，“公司＋农户”养猪，国有、集体、民营养猪场和中外合资养猪场等。从养殖类型来看，有单一经营和综合经营之分（图9-6）。

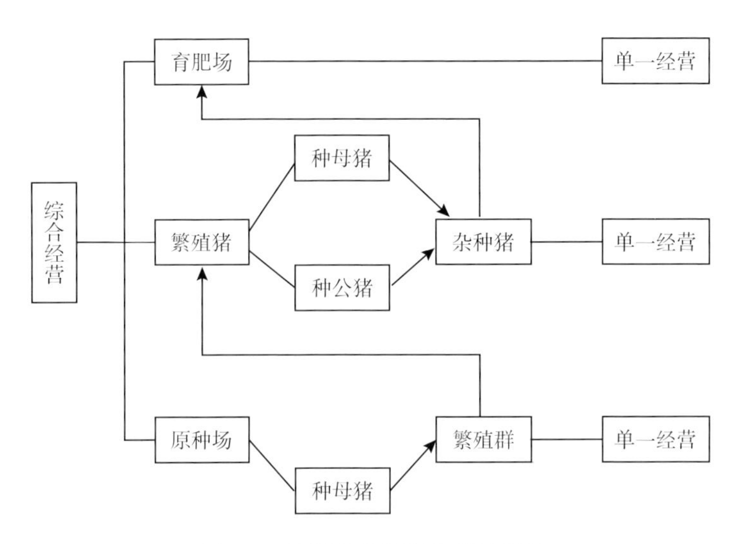

图 9-6　养猪场的经营方式示意图

① **单一经营**。单一经营是指仅生产某一类型的猪，如种猪扩繁场专门繁殖生产苗猪，而育肥场则专门进行育肥。饲养繁殖母猪，一种是饲养杂交一代母猪，繁殖三元杂种仔猪供应市场和育肥猪场；另一种是繁殖纯种仔猪。其经济效益取决于品种、饲养管理条件和技术水平。在具备优良种猪条件下，抓好母猪的配种、妊娠、分娩、泌乳、仔猪补料、防疫等项工作，就能培育出体格健壮、成活率高、增重快的仔猪，并获得高的仔猪断奶窝重。繁殖母猪的经济效益又受到市场对仔猪的需求、仔猪价格、饲料价格和母猪饲料成本等因素的影响。仔猪断奶窝重的大小和母猪耗料成本的多少，直接影响繁殖母猪的经济效益。

育肥场生产经营与繁殖场相比较，猪群较单一，饲养技术和管理环节较简单，资金周转较快，运输量、劳动量大。在生产经营中，必须考虑肥猪生产的技术和经济效益。

② **综合经营**。综合经营方式含有两种形式：一种是一体化养猪生产，即从经营原种猪、繁殖猪到育肥猪；还有一种是养猪生产的同时兼营其他产业，有较高的抵御养猪风险的能力，这是我国目前养猪生产中的主要存在形式。

专业户养猪生产经营：我国养猪生产经营中，专业户养猪占有重要地位。养猪专业户养猪收入占家庭收入的60%以上，猪的商品率在80%以上。专业户养猪生产经营的规模，因各地的经济、技术、市场等条件的不同而异，从出栏几十头到几千头不等，并且走综合经营道路，包括养猪与养鸡、养鱼结合，养猪兼营豆腐生产，养猪兼养肉牛等形式，其经济效益均高于单纯经营养猪者。这些养猪专业户不仅自身具有较大的规模和较好的经济效益，而且对周围农户有很好的示范和带动作用。

"公司＋农户"养猪生产经营："公司＋农户"的养猪生产经营形式，即以公司作为经营者，农户作为生产单位，按照利益共享、风险共担的原则，把千家万户组织起来，进行养猪生产和经营。"公司＋农户"的经营形式，已成为高产、优质、高效的现代化养猪业的发展雏形。

国有、集体养猪场：我国各地均建有省、市（县）级的国有和集体猪场，其特点是具有较强的技术力量，采用科学饲养管理，猪舍设备较好，生产经营者具有较高的管理水平和现代化的营销观念，并能根据市场变化，较合理地组织猪群生产。有的采用了工厂化生产工艺流程，生产水平较高，经济效益显著。

各地粮食部门、商业部门和乡镇企业等也建有一定规模的养猪场，其规模、技术力量、设备条件和生产水平，通常较国有猪场稍显逊色，但有的管理水平也较高，并取得了较好的经济效益。

中外合资的养猪场：这是一种资金、技术、设备高度密集，现代化的大规模养猪经营形式。这种经营形式必须具有雄厚的经济实力和外销市场，以保证高投入、高产出和高效益。

③ **经营规模的确定和制约因素分析**。养猪业和其他养殖业一样，效益来自规模，例如正常养1头肥猪可赚80～120元，倘若养500头肥猪，就可赚4万～6万元。所以，我们常说，养猪业的效益是规模效益。我们提倡规模化养猪，但规模化养猪的发展受多种因素（包括经济、技术、管理、市场等）的制约，因而既不宜规模过小，也不能过大，更不是越大越好，而是要建立一种适度规模猪场，以求用全力的投入，产生较好的经济效益。所谓适度规模，就是在一定的自然、社会、经济、技术条件下，生产者所经营的猪群规模不仅与劳动力、生产工具条件等内环境相适应，而且与社会生产力发展水平、市场供需状况等外环境相适应。生产者能把生产诸要素合理地组织起来，最大限度地提高劳动生产率、资金利用率和猪群生产性能，以达到最佳经济效益目标。

现阶段我国广大农村比较适宜的养猪规模，因各地饲料资源、饲养技术和管理水平以及饲料和生猪价格等不一样，规模化养猪经济效益也有高低，因而适度规模也有差别。在经济发达地区，专业户养猪以年出栏肉猪100头以上较适宜，获得的经济效益较高；而在经济欠发达地区，年出栏肉猪30～50头的规模，亦可获得较好的经济效益。

养猪生产必须以市场为向导，以效益为目标，及时调整生产结构，在竞争中求发展。在市场猪价低谷时，保本经营求生存；市场价高时，快速发展求效益。市场仔猪价下跌时，出售仔猪不赚钱，就不急于出售，将其留下作为肉猪饲养，待肉猪价格到一定高位时出售。仔猪价格上扬就改为出售仔猪，这样既省劳动力又可迅速盈利。在决定是否扩大经营规模时，一定要实事求是，要与自身的资金、劳动力、技术、设备等方面条件相适应，不能盲目求规模大，关键是求得规模效益。近几年来，有些地区的部分养猪专业户，因单纯追求养猪规模，技术、资金跟不上，导致经济效益不佳而被迫下马。合理的养猪规模并不是固定不变的，应随饲料和肉猪价格及固定成本的变化而变化，随着养猪科学技术进步和社会化服务体系的完善而发生相应的改变。

（2）规模化养猪生产工艺流程。规模化养猪将猪从出生到上市的整个饲养过程，依据不同生长发育时期的生理特点划分为连续的若干个饲养阶段组织生产，形成流水作业。

目前我国规模化养猪有如下三种工艺流程。

三段饲养工艺流程：空怀及妊娠期→哺乳期→生长育肥期。

四段饲养工艺流程：空怀及妊娠期→哺乳期→仔猪保育期→生长育肥期。

五段饲养工艺流程：空怀配种期→妊娠期→哺乳期→仔猪保育期→生长育肥期。

99 如何进行产品和市场营销？

猪产品的营销是指猪从生产者传递到消费者手中的过程。目前，我国猪产品的营销形式主要有如下几种形式。

（1）活猪。活猪是最直接的产品类型，其营销工作搞得如何，直接关系到生猪的发展和生产者的利益。活猪经屠宰后可直接进入市场进行销售，也可经过加工处理再进入市场。

（2）分割肉。分割肉是将胴体按各部位进行切割、修整后的肉。分割肉可进行冷藏加工和包装，便于长途运输，用于供应国内外市场，而且是深加工肉制品的原料肉。

（3）小包装肉。小包装肉是一个新兴的品种，它改变了传统的现切现卖的习惯，产品种类相当多，有大排、小排、精肉、肉丝、肉糜、蹄髈、猪腰、猪肝、猪肚、大肠等，具有很大的开发潜力。

我国猪产品的营销渠道主要有直接销售渠道（自产自销）和间接销售渠道。前者指将猪产品直接销售给消费者，而不经过任何环节。自产自销可以适应某些消费者的具体要求，减少中间环节的费用支出，有利于提高经济效益。而后者主要是通过个体屠宰工、屠宰商或国有和私营食品公司进入市场，经过外贸公司进入国际市场等形式。

100 怎么做好投资决策与计划?

养猪生产的投资决策与计划，包括决策目标与具体实施计划、拟定两个以上可供选择的方案、对养猪生产市场价格的涨跌概率进行预估，并对方案在不同自然状态下的盈亏进行测算等。养猪决策程序顺序为确定决策目标、拟定各种被选方案、对各方案进行选择、决策方案的实施与反馈。养猪场投资决策分析主要包括如下几个方面。

（1）基础条件与投资目的。投资决策必须遵循的原则是充分发挥自己的优势，包括自然、经济和技术的潜力。因此在制定项目可行性分析报告中，要对基础条件包括资金、人员、技术力量、原有养殖基础等进行了解和分析，剖析投资目的是否明确可行，是否符合市场发展的需求，实现目标应有哪些前提条件，期限如何。

（2）市场调查分析。在进行决策之前要认真进行市场调查，包括对市场需求和消费特点与习惯的调查，对产品和产品价格的调查等，分析过去一段时间该地区、所在省份甚至国内外的市场波动情况，并预测未来一段时间内的市场走势，例如猪产品的发展变化，包括企业数、技术工艺变化、产品需求量及发展趋势。对消费者的消费习惯、结构和心理变化以及市场价格变化和出口贸易变化等进行分析。

（3）猪场性质、任务、经营方式和规模的确定。要明确猪场的性质、任务和经营方式。一般分专业化场和综合性场两类，专业化场包括原种场、繁殖场和育肥场等类型。可通过盈亏平衡点分析确定产量和成本的变化关系，并在此基础上确定猪场的经营规模。

(4) 建设内容和投资经费概算及经费来源。根据原基础条件和生产实际需要决定建设项目的内容。涉及土地征用、猪舍及各类附属用房、围墙、道路、饲料加工房等投资，购买种猪、购买饲料等投资是随生产规模而变动的。投资经费概算，包括总投资、流动资金、固定资产折旧、产品成本和资金的时间价值计算等。经费来源一般有自筹资金、申请项目资金和贷款等形式。

(5) 投资期限及工程进展。决策中要根据实际情况，对拟投入的资金进行投资期限分析，要根据资金、规模、发展方向等情况，考虑资金的分步投资与工程的分步实施。

(6) 预期效益。在前面各项工作的基础上，进行预期效益核算，有静态分析法和动态分析法两种方法。一般常用静态分析法，就是用静态指标进行计算分析。主要指标公式如下：

投资利润率=年利润/投资总额 ×100%

劳动生产率=年利润/投入劳动力 ×100%

投资回收期=投资总额/平均年增加收入

主产品（猪）年收入=单位产品价格/产品数量

投资收益率=（收入-经营费-税金）/总投资 ×100%

(7) 评估。为了尽量避免投资失误，在完成上述各步骤以后，可以得出相对完善的决策方案，但还应邀请有关专家对项目进行可行性分析与评估。从市场调查和预测的情况，对项目的必要性和投资方向进行评估；从资源情况、场址选择、技术和设备选用、环境保护等方面，对项目技术上的合理性进行评估；通过经济效益的分析等，对项目的可行性进行评估。最后做出项目的评估报告。

参考文献

毕继春，2002.对我国传统农家养猪生产模式的再认识［J］.农业科技通讯（7）：20.

曹东阳，王小敏，钱爱东，等，2016. 江苏省及周边地区猪圆环病毒Ⅱ型（PCV2）分子流行病学调查［J］. 江苏农业学报，3（2）：390–398.

陈嘉奇，2016. 浅谈规模化猪场精细化生产管理［J］.中国畜禽种业（2）：80.

陈顺友，2009. 畜禽养殖场规划设计与管理［M］.北京：中国农业出版社.

戴秋颖，2017. 2017大型猪场生物安全管理措施的总结［J］. 今日养猪业（S）：76–79.

丁宏标，沈银书，2009. 猪能量与营养供给量推荐标准［M］. 北京：中国农业科学技术出版社.

国家环境保护总局，2001a. 畜禽养殖业污染防治技术规范：HJ/T 81—2001［S］. 北京：国家环境保护总局.

国家环境保护总局，2001b. 畜禽养殖业污染物排放标准：GB 18596—2001［S］. 北京：国家环境保护总局.

国家环境保护总局，1996.污水综合排放标准：GB 8978—1996［S］. 北京：国家环境保护总局.

国家（杨凌）农业技术转移中心，国家（杨凌）旱区植物品种权交易中心，2016.安全猪技术服务体系集成［M］. 西安：陕西科学技术出版社.

郭蓉，张峰，郑卫江，等，2016. 撤除教槽料抗生素和无机铜对哺乳仔猪粪便大肠杆菌耐药性的影响［J］. 南京农业大学学报，39（3）：448–454.

郝飞，汤德元，曾智勇，等. 2013.我国猪瘟病毒基因流行变异研究［J］. 中国猪业，24：42–44.

何孔旺，周俊明，2009. 猪链球菌病疫苗研究进展［J］. 兽医导刊（8）：22–23.

华利忠，冯志新，刘茂军，等，2012. 瑞士减群法在猪肺炎支原体净化中的应用研究进展［J］. 中国农学通报，28（14）：73–78.

贾敬亮，张鹏程，宋凤格，等，2019.浅谈母猪批次化生产管理技术［J］.北方牧业（23）：21.

蒋宗勇，陈代文，徐子伟，等，2015. 提高母猪繁殖性能的关键营养技术研究与应用［J］. 科技与实践，51（12）：44–49.

李春保，张万刚，2014. 冷却猪肉加工技术［M］. 北京：中国农业出版社.

刘建利，李宏，曹琛福，等，2016. 非洲猪瘟的研究进展及风险分析［J］. 中国兽医杂志，52（4）：77-79.

卢增军，2018. 口蹄疫疫苗研究与防控实践［J］. 饲料与畜牧，6：1.

全国畜牧总站，2017a. 粪便好氧堆肥技术指南［M］. 北京：中国农业出版社.

全国畜牧总站，2017b. 粪水资源利用技术指南［M］. 北京：中国农业出版社.

全国畜牧总站，2017c. 养殖节水减排技术指南［M］. 北京：中国农业出版社.

任守文，何孔旺，2005. 生猪生产关键技术速查手册［M］. 南京：江苏科学技术出版社.

任守文，任同书，何孔旺，等，2019. 淮猪［M］. 北京：中国农业出版社.

施慈，刘洪斌，张凤强，等，2014. 猪支原体肺炎及其检测和防制的研究进展［J］. 中国农学通报，30（17）：14-20.

世界动物卫生组织（OIE），2017. OIE陆生动物诊断试验与疫苗手册（哺乳动物、禽类与蜜蜂）［M］. 7版. 农业部兽医局，译. 北京：中国农业出版社.

田书会，李根来，田文生，等，2013. 酵母培养物对夏季生长育肥猪肠道菌群结构和发酵能力的影响［J］. 南京农业大学学报，36（4）：91-98.

王遵宝，李俊辉，豆智华，等，2018. 猪瘟E2亚单位疫苗攻毒保护效力研究［J］. 中国动物传染病学报，26（4）：18-23.

魏建英，2013. 发酵床环保节能养猪技术［M］. 北京：中国农业科技出版社.

徐璐，范学政，徐和敏，等，2012. 猪瘟抗体间接ELISA检测试剂盒的研制和应用［J］. 中国兽医杂志，48（9）：21-25.

杨春蕾，董志民，李秀丽，等，2018. 天津地区猪链球菌2型的分离鉴定及耐药性分析［J］. 中国畜牧兽医，45（3）：822-829

杨汉春，2016. 种猪场疫病净化技术措施［J］. 兽医导刊，92：4-25.

杨汉春，2017. 我国猪病流行情况及防控策略［J］. 兽医导刊（21）：14-17.

杨建生，戴志刚，胡亮，等，2013. 昆山梅山猪的保种现状和发展方向［J］. 当代畜牧（11）：32-33.

张全国，2013. 沼气技术及其应用［M］. 北京：化学工业出版社.

赵燕，2015. 猪圆环病毒2型疫苗的研究进展［J］. 畜禽业，321：30-34.

郑久坤，2013. 粪污处理主推技术［M］. 北京：中国农业科学技术出版社.

中国绿色食品发展中心. 养猪行业四大趋势、五大误区、六种规模［EB/OL］.（2015-12-11）

[2020-10-30]. http: //www.greenfood.org.cn/ywzn/lssp/xksc/ 中国养殖网.

周光宏，2008. 肉品加工学 [M]. 北京：中国农业出版社.

周孟津，2012. 沼气使用技术 [M]. 北京：化学工业出版社.

ZIMMERMAN J，KARRIKER L，RAMIREZ A，et al，2014. 猪病学（第10版）[M]. 赵德明，张仲秋，周向梅，等，译. 北京：中国农业出版社.

AI J W，S S，CHENG Qi，et al，2018. Human Endophthalmitis Caused By Pseudorabies Virus Infection，China，2017[J]. Emerging Infectious Diseases，24（6）：1087-1090.

JAYARAMAN B，NYACHOTI C M，2017. Husbandry practices and gut health outcomes in weaned piglets：a review[J]. Animal Nutrition. 3：205-211.

NRC（National Research Council），2012. Nutrient requirements of swine[M]. Washington，D.C.：The National Academies Press.

RUIZ-ASCACIBAR I，STOLL P，KREUZER V，et al，2017. Impact of amino acid and CP restriction from 20 to 140 kg BW on performance and dynamics in empty body protein andlipid deposition of entire male，castrated and female pigs[J]. Animal, 11（3）：394-404.

STEIN H H，2002. Experience of feeding pigs without antibiotics：a European perspective[J]. Animal Biotechnology，13（1）：85-95.

WANG Xiaomin，LI Wenliang，XU Xianglan，et al，2018. Phylogenetic analysis of two goat-origin PCV2 isolates in China[J]. Gene，651：57-61.

ZEINELDIN M，ALDRIDGE B，LOWE J，2019. Antimicrobial effects on swine gastrointestinal microbiota and their accompanying antibiotic resistome[J]. Frontiers in Microbiology，10：1035.

ZHENG H，LIANG C，ZHOU Y J，et al，2015. Emergence of a Pseudorabies virus variant with increased virulence to piglets[J]. Veterinary Microbiology，181（3-4）：236-240.